Inhalt

Aktiv im Team

Erfahren Sie, wie Sie das Vogelheim für Ihre Sittiche einrichten, Freundschaft schließen und spannend füttern können.

Liebevoll u

Hier lesen Sie, wie Sie sich am besten um Ihre Vögel kümmern und was bei Krankheiten und Nachwuchs zu beachten ist.

Einzigartige Persönlichkeit

Mit der Größe einer schlanken Taube und seiner Zutraulichkeit ist der Nymphensittich der ideale Stubenvogel. Er ist robust und hat keine unerfüllbaren Ansprüche an die Pflege. Das macht ihn auch für Einsteiger in die Vogelhaltung interessant .

Diese netten Sittiche sind sehr gesellige Vögel und so finden sie auch schnell Anschluss an ihre Menschen. Diesem Bedürfnis nach einem Partner sollte bei der Heimtierhaltung durch einen Artgenossen Rechnung getragen werden. Dann werden Ihre gefiederten Hausgenossen zeigen, welche ausgeprägten Persönlichkeiten in ihnen stecken. Da gibt es die Mutigen, die sich tatendurstig auf neue Abenteuer stürzen und die Schüchternen, die sich Zeit lassen, bevor sie es wagen, den Kontakt zum Menschen aufzunehmen. Lassen Sie jedem Sittich die Zeit, die er braucht.

Wenn Sie Ihren munteren Untermietern viel Zuwendung geben, auf ihre bescheidenen Bedürfnisse eingehen und behutsam mit ihnen Freundschaft schließen, werden die geselligen Vögel sehr zutraulich und genießen es, auf Ihrer Schulter zu sitzen und mit Ihnen zu spielen – dann sind Sie ein echtes Dream-Team.

D die freundlichen Sittiche vom anderen Ende der Welt werden mit ihrem geselligen, unternehmungslustigen und neugierigen Wesen ganz schnell Ihr Herz erobern. Neben Hochseilakrobatik, wagemutigen Flugkünsten und vielseitigem Sozialverhalten gibt es noch einiges mehr zu entdecken.

Schwarze Knopfaugen, *der rote Wangenfleck und die Haube als Stimmungsbarometer sind die Markenzeichen der Nymphensittiche.*

Gestatten Nymphi

Herkunft

Nymphensittiche zählen nicht nur wegen ihrer Körpergröße zu den ganz „Großen" unter den Stubenvögeln – vor allem sind es ihr freundliches Wesen, ihre verspielte Neugier und unkomplizierte Art, die sie so beliebt machen. Lassen Sie uns einen Blick darauf werfen, wo diese Vögel herkommen und wie sie in der Natur leben.

Die Heimat dieser beliebten Sittiche ist Australien. Mit Ausnahme der klimatisch feuchteren Gebiete in Küstennähe findet man sie fast überall auf diesem riesigen Kontinent. Starke Temperaturschwankungen zwischen Tag und Nacht und lange Trockenperioden bieten ein raues Lebensumfeld. Diese Extreme zwischen Hitze, Kälte und Wassermangel haben den cleveren Nymphensittich gezwungen, Überlebensstrategien zu entwickeln, die harten Zeiten überstehen zu können.

Nymphensittiche sind faszinierende und erfindungsreiche Geschöpfe.

Natürlicher Lebensraum

Wenn es wieder zu langen Trockenperioden kommt und sie nirgends mehr Wasser finden, ist das Leben nicht leicht für die Sittiche und es gibt dann nur eine Lösung zum Überleben:

- **Abwandern** Im Fliegen sind die Nymphensittiche Meister, sie ziehen in großen Schwärmen so weit, bis sie wieder Wasser und Nahrung finden. Manmal tun sich dabei mehrere hundert Vögel zusammen, denn das Leben im Schwarm bietet ihnen Sicherheit gegen Feinde.
- **Die Gelegenheit nutzen** Sind die Umstände günstig, bleiben die Vögel und brüten meist schon nach wenigen Tagen, oft sogar zweimal hintereinander. Auf diese Weise werden die Verluste, die sich durch Dürrekatastrophen immer wieder ergeben, ausgeglichen.

▸ **Harte Zeiten** Wie wir gesehen haben, ist es ein häufiger Irrtum zu glauben, alle Tiere würden in ihrer jeweiligen Heimat ein paradiesisches Leben führen. Nur wenn es genügend Wasser und Nahrung in der Nähe gibt, fühlen sich die Nymphensittiche wohl.

▸ **Wachposten** Sie und auch die Wellensittiche brüten dann oft in den Astlöchern und Stammhöhlen ein- und desselben Baumes. Von den Ästen aus haben die Vögel einen guten Überblick und können sich rechtzeitig beim Herannahen eines Greifvogels in Sicherheit bringen.

▸ **Oben bleiben** Auf den Boden herunter kommen sie nur, wenn es unbedingt sein muss, also zur Aufnahme von Nahrung oder zum Trinken und flüchten bei der kleinsten Störung sofort.

Offene Savannen, Steppen- und Grasgebieten sind ihr Lebensraum.

SMART

Gesellige Vögel

- **Nymphensittiche** leben immer in Gruppen, oft von etwa 50 Vögeln.
- **Paare** bleiben ein Leben lang zusammen, auch außerhalb der Brutzeit.
- **Kostbare Zeit** für die Brut geht dann nicht durch aufwändige Partnersuche verloren, wenn die Schwärme auf günstige Brutplätze stoßen.

Kulturfolger

Ohne es zu beabsichtigen, hat der Mensch diesen Vögeln das Leben stellenweise durch den Getreideanbau erleichtert. Der reife Weizen oder die Hirse auf den Feldern lockt natürlich auch unsere Nymphensittiche an. Wo der Schaden durch die Vögel empfindlich wird – auf den Feldern finden sich noch zusätzlich andere Sittiche und Kakadus ein – greifen die Farmer selbst heute noch zu ihren Gewehren oder vergiften die von den Tieren besuchten Wasserstellen. Dies ist ein krasser Widerspruch zu den in Australien durchwegs streng gehandhabten Naturschutzbestimmungen.

Faszinierende Fähigkeiten

Harte Lebensumstände fordern Körper und Geist und so ist der Nymphensittich nicht umsonst ein so robuster und kluger Geselle. Körperbau, Sinne und Sozialverhalten haben sich nicht zufällig entwickelt, sondern als Anpassungen an Nahrungsangebot und Lebensraum.

Sinnesleistungen

Sie ermöglichen es den Vögeln, Nahrung zu finden, schnell auf Feinde zu reagieren und sich mit ihren Artgenossen zu verständigen.

▸ **Die Augen** sind anders aufgebaut als die der Säugetiere. Bei Vögeln ist meist das untere Lid beweglich, das obere weitgehend starr. Die Augäpfel sind im Inneren nur durch eine dünne Wand getrennt. Aus diesem Grund können bei einem Unfall immer leicht beide Augen verletzt werden. Durch den seitlichen Sitz der Augen können Nymphensittiche ein weites Gesichtsfeld überblicken. Die mangelnde Beweglichkeit ihrer Augen machen die Vögel durch schnelle Kopfbewegungen wieder wett und können so 360 Grad überschauen und erkennen, was hinter ihnen passiert – dadurch sehen sie Feinde frühzeitig und können noch fliehen. In der Dämmerung nehmen Sittiche Bewegungen jedoch nicht gut wahr. Gut ausgeprägt ist aber ihr Farbsehen, was wichtig für die Nahrungsaufnahme ist.

▸ **Die Ohren** sind als kleine Öffnungen hinter den Augen unter den Federn versteckt. Das Gehör ist gut ausgeprägt und spielt bei der Kommunikation mit Artgenossen eine sehr wichtige Rolle. Im Ohr befindet sich das Gleichgewichtsorgan. Ist es wegen einer Erkrankung in Mitleidenschaft gezogen, sind die Vögel nicht mehr in der Lage, sich auf einer Stange zu halten oder zu fliegen. Das Schiefhalten des Kopfes ist deswegen immer ein sehr ernstes Alarmzeichen.

Nahaufnahme des Schnabels mit Wachshaut und Nasenlöchern.

▸ **Die Nase** besitzt nur im hinteren Teil Riechzellen. Obwohl Vögel nicht zu den Geruchsspezialisten gehören, können sie viele Düfte unterscheiden. Einige Vögel scheinen sich beim Fliegen unter anderem sogar an Gerüchen zu orientieren.

▸ **Die Geschmacksknospen** liegen am Zungengrund und mit der Zunge wird Nahrung auf ihre Eignung getestet. Auf der Zunge befinden sich auch kleine Tastkörperchen. Mit diesen können die Vögel Gegenstände und Nahrung auf ihre Beschaffenheit untersuchen, indem sie sie ausgiebig knabbern.

Fabelhafte Flieger

Nymphensittiche gehören zu den begabten Fliegern im Vogelreich und können ohne

Durch Beknabbern wird mögliche Nahrung auf ihre Eignung getestet.

Probleme lange Strecken zurücklegen. Dabei nutzen sie geschickt Aufwinde und fliegen dann sozusagen im „Energiesparmodus". Bei der Flucht vor Greifvögeln beweisen sie auch, auf welche erstaunlichen Geschwindigkeiten sie es bringen können. Nähert sich ein Falke, hebt die Nymphensittichgruppe geschlossen vom Boden ab. Dabei leuchten die weißen Flügelbinden in der Sonne auf. Das lenkt den Angreifer ab und er hat viel Mühe, sich ein potenzielles Opfer aus der Formation herauszupicken. Chancen haben die Greife meist nur bei jungen unerfahrenen, kranken oder alten und geschwächten Vögeln, die nicht mehr mit der Gruppe mithalten können.

SMART

Fabelhafte Orientierung

- **Der Orientierungssinn** der Vögel fasziniert die Menschen schon seit vielen Jahrhunderten.
- **Nymphensittiche** legen bei der Nahrungssuche auf ihrem Heimatkontinent zielsicher hunderte von Kilometern zurück.
- **Welche Fähigkeiten** sie dazu einsetzen, konnte die Wissenschaft noch nicht abschließend erklären.
- **Das Magnetfeld der Erde** spielt dabei sicherlich eine Rolle, aber Tauben z.B. orientieren sich auch an Straßen und Flussläufen.

So sind Nymphensittiche

Sittiche gehören zu den Papageien und der Nymphensittich mit seinem langen Schwanz gehört zu den Großsittichen. Er ist eng mit dem Kakadu verwandt, mit dem er auch die Haube gemeinsam hat, die beiden als Stimmungsbarometer dient.

Wie fast alle Papageien sind Nymphensittiche Tagtiere. Zwölf Stunden Wachsein wechseln mit einer zwölfstündigen Ruhepause. Wird es morgens hell, stehen Strecken und Putzen auf dem Programm. Kot wird abgesetzt und dann geht es ans Futter und zum Wassernapf. Sind sie nicht zu einem Einzelleben verurteilt und haben einen Partner, können Sie in den folgenden Stunden des Tages viele für diese geselligen Vögel typische Verhaltensweisen beobachten. Nachdem sich die Tiere miteinander beschäftigt haben, folgen ein paar Stunden ausgedehnter Mittagsruhe. Am Nachmittag ist wieder Aktivität angesagt, bis die Dämmerung für Ruhe sorgt. Den im Zimmer lebenden Nymphensittichen sollte eine zwölfstündige Nachtruhe gegönnt werden. Ideal ist ein natürlicher Tag- und Nacht-Lichtrhythmus.

1 ◂ **Familienbande** Nymphensittiche sind sehr gesellige Tiere, allein gehalten würden sie ein trauriges Dasein fristen. Wenn mindesten zwei dieser freundlichen Vögel bei Ihnen leben, bieten Sie Ihnen ein abwechslungsreiches und interessantes Leben. Dies reicht von der liebevollen gegenseitigen Gefiederpflege bis hin zu kleinen Auseinandersetzungen zwischen Freunden. Dazwischen holen sie sich hin und wieder ein paar Körner oder knabbern – meist in trauter Zweisamkeit – an der Kolbenhirse, einem leckeren Apfel oder einer knackigen Möhre.

2

◂ **Koordination** Nymphensittiche sind echte Luftakrobaten, die tollkühne Flugnummern zeigen. Besonders erstaunlich dabei ist die Koordination im Schwarm – so plötzlich eine Wendung auch kommt – der ganze Schwarm wirkt wie eine von Geisterhand gelenkte, große Einheit. Auch als Heimtier brauchen Ihre Vögel täglich ausgiebigen Freiflug, um munter und gesund zu bleiben und ihr natürliches Verhalten auszuleben.

▸ **Neugierige Forscher** Nichts bleibt vor den an allem interessierten Gesellen verschont und muss auf Knabbertauglichkeit und Geschmack untersucht werden. Stellen Sie sich darauf ein, dass Ihre Nymphensittiche auch beim Freiflug die eine oder andere „Kostprobe“ nehmen und dabei vielleicht auch einmal die Möbel mit ihrem äußerst kräftigen Schnabel bearbeiten werden. Mit ihrem stabilen Schnabel können sie ohne Probleme Sonnenblumenkerne und andere harte Dinge knacken.

3

4

▴ **Eingespieltes Team** Nymphensittichpaare gehen eine enge Bindung ein und die Gefährten bleiben meist ein Leben lang zusammen. Dies geht so weit, dass die Tiere ihren Tagesablauf aufeinander abstimmen und auch ihre Bewegungen angleichen. So kann man zum Beispiel häufig beobachten, dass Paare sich synchron bewegen.

Vielfältige Farbenpracht

Der künftige Nymphensittichhalter kann seine gefiederten Hausgenossen aus einer großen Palette schöner Farben und Zeichnungen wählen.

Es gibt viele schöne Farbschläge

Vom Kopf bis zur Spitze der langen Schwanzfedern misst der Nymphensittich etwas über 30 cm. Wildfarbene Tiere sind vorwiegend grau, eine Farbe, die es in dieser Ausdehnung kaum bei einer anderen Sittichart gibt. Und noch etwas unterscheidet den Nymphensittich von nahezu allen seinen Verwandten: Eine Federhaube am Kopf. Bei den Kakadus ist die Haube das „Markenzeichen", weshalb einige Vogelkundler eher auf verwandtschaftliche Beziehungen zu diesen großen Papageien schließen. Auch in der Verhaltensweise bestehen Ähnlichkeiten zwischen Nymphensittichen und Kakadus.

Neben den hier abgebildeten gibt es noch weitere hübsche Farbschläge. So haben wir Nymphensittiche, die ein silbergraues Gefieder besitzen und dadurch sehr edel wirken. Eine andere schöne Variante sind die „Zimter", bei denen das Grau des Federkleides durch ein zartes, an Zimt erinnerndes, Braun ersetzt wird. Ansonsten ähneln sie den naturfarbenen Sittichen. Es gibt daneben weiße und gelbe Vögel mit schwarzen Augen und echte Albinos oder auch Lutinos mit roten Augen. Interessant sehen auch die Weißkopf-Nymphensittiche aus. Ihnen fehlt jeder Gelbanteil im Gefieder und dadurch wirken sie schwarz-weiß-grau. Die Zucht bestimmter Farbschläge ist mitunter recht schwierig. Einfacher gestaltet sich dies bei den Schecken, deren Zeichnung sich dominat vererbt. Jeder Sittich hat dabei eine ganz individuelle Scheckung. Farbschläge und Zeichnungen können in vielerlei Kombinationen auftreten.

Naturfarben
Männchen

Dies ist die Farbe, wie wir sie von den Nymphensittichen in der australischen Natur kennen.

- Gesichtsmaske: Stirn und Gesicht zeigen ein leuchtendes, auffälliges Gelb. Hinzu kommen intensive orangefarbene Ohrflecken. Die Brust zeigt ein helleres Grau als das restliche Gefieder. An den Flügeln befinden sich weiße „Spiegel".
- Haube: Sie ist kein Privileg der Männchen, auch die Weibchen besitzen diesen hübschen Kopfschmuck. Je nach Stimmungslage wird die Haube aufgestellt oder angelegt, mit vielen Variationen dazwischen.
- Defekte Federn: Die Schwanzfedern dieses Männchen sind zerstoßen. Ursache dafür ist meist ein zu kleiner Käfig.

Naturfarben
Weibchen

Sie sind das Pendant zu den naturfarbenen Männchen, wirken aber etwas unscheinbarer.

▸ Leichte Unterscheidung: Das Nymphensittichweibchen sieht aus wie ein Männchen im „Nebel“: Der Kopf und die Haube sind grau und nur ein klein wenig mit Gelb durchsetzt. Auch bei den Ohrflecken findet sich viel Grau.

▸ Schwanzfedern: Ein weiteres wichtiges Unterscheidungsmerkmal ist die Färbung der Schwanzunterseite: Bei den Weibchen ist sie grau mit gelben Querbändern, bei den Männchen ganz schwarz.

▸ Jungvögel: Vor der Jugendmauser besitzen Hahn und Henne das „Weibchen-“ Muster an der Schwanzunterseite.

Geperlt
Weibchen

Das Gefieder sieht bei dieser hübschen Zeichnung aus, als wäre es mit Perlen übersät.

▸ Zuchterfolg: Geperlte Nymphensittiche sind eine deutsche Züchtung und die Mutation trat erstmals 1967 in der Pfalz auf. Das schöne Perlenmuster wird auf den Flügeldecken, der Brust, der Kehle und dem Bürzel gezeigt.

▸ Gesäumte: Sie zählen ebenfalls zu den gezeichneten Nymphensittichen und sind aus den geperlten Vögeln entstanden. Bei ihnen sind helle Federn dunkel gesäumt, was einen hübschen Effekt ergibt.

▸ Frauensache: Erwachsen behalten nur Weibchen die Perlung, Männchen sind nach der Jugendmauser naturfarben.

Gelb-weiß
starker Gelbanteil

Neben den gelb-weißen Vögeln mit schwarzen Augen gibt es auch Lutinos mit roten Augen.

▸ Falsche Albinos: Lutinos wurden erstmal 1958 in Florida gezüchtet und bereits wenige Jahre später gab es diese Vögel auch in Europa. Anfangs hielt man sie noch für Albinos und es wurden hohe Preise für die ansprechenden Vögel gezahlt.

▸ Geschlechter: Sie sind bei Lutinos und Albinos nicht zu unterscheiden. Der Tierarzt kann das Geschlecht durch eine DNA-Analyse aus einer Feder oder endoskopische Untersuchung bestimmen.

▸ Glatzenbildung: Bei Lutinos kann es zuchtbedingt zu der Entstehung einer Glatze kommen, das ist keine Krankheit.

Partnerwahl

Nymphensittiche können über 15 Jahre alt werden. Für diese Zeit übernehmen Sie die Verantwortung für diese intelligenten und bewegungsfreudigen Tiere.

Keine Einzelhaltung

Nymphensittiche leben naturgemäß in Schwärmen und brauchen engen Kontakt zu ihren Artgenossen, ganz besonders zu einem Partner. Der Mensch kann diesen Lebenspartner nicht ersetzen, auch wenn er sich drei oder vier Stunden am Tag mit seinem Vogel beschäftigt. Aus diesem Grund sollten Sie die Aufnahme von mindestens zwei Nymphensittichen einplanen. Schön ist es, wenn Sie sich für ein Duo entscheiden, das sich bereits angefreundet hat.

Überlegen Sie vorher...

- Herumfliegende Körnerhülsen verschmutzen schnell die Käfigumgebung. Können Sie das tolerieren?
- Haben Sie täglich Zeit für Pflege und Freiflug der Vögel? Können Sie beim Freiflug über Kothäufchen oder angeknabberte Möbel lächelnd hinwegschauen?
- Haben Sie eine zuverlässige Betreuung, die sich um die Vögel während Ihres Urlaubs kümmert?
- Gibt es in der Wohnung einen Standort für den Käfig, der sowohl für Sie als auch für die Vögel angenehm ist?
- Leidet kein Mitglied der Familie an einer Allergie gegen den Federstaub oder Staub allgemein?
- Sind alle Familienmitglieder mit den neuen Untermietern einverstanden? Wer wird sich hauptsächlich um die Versorgung der Nymphensittiche kümmern?

Ein starkes Team

Klären Sie vorher ab, welche Eigenschaften Sie sich von Ihren neuen Mitbewohner wünschen.

▸ **Zahme Vögel** Wer auf sehr zahme Vögel großen Wert legt, nimmt vorerst nur ein Tier ins Haus und nach zwei bis drei Wochen das zweite. Wenn man sich viel mit ihnen beschäftigt, werden junge Sittiche innerhalb dieser wenigen Wochen zahm. Kommt dann ein zweiter, ebenfalls junger Vogel dazu, hat er ein Vorbild und findet noch rascher Anschluss an seine Menschen.

▸ **Unerwünschter Nachwuchs** Ihn wird es bei Paarhaltung nicht geben, denn dies kann man steuern: Ohne Nistkasten wird es keine erfolgreiche Brut geben! Soll jegliches „Nachwuchsrisiko“ ausgeschaltet werden, bleibt die Haltung eines gleichgeschlechtlichen Teams, egal ob männlich oder weiblich.

▸ **Welches Alter?** Junge Vögel gewöhnen sich in der Regel am besten ein. Groß ist vor allem die Nachfrage nach „nestjungen“ Nymphensittichen. Diese sollten aber bei

Zu Zweit schmeckt es einfach besser. Bei der Haltung von zwei Nymphensittichen werden auch Sie die doppelte Freude haben.

der Abgabe mindestens sechs Wochen alt sein, dann sind sie nicht mehr von den Eltern abhängig. Doch auch bis zu einem halben Jahr werden die Vögel noch leicht zahm. Älteren Tieren muss man meist mehr Zeit geben, bis sie Zutrauen fassen.

Sind Nymphensittiche Kindertiere?

Es gibt viele Kinder, die sich um ein Tier kümmern möchten. Neben den Kleinsäugern sind Vögel sehr beliebt. Und gerade die sehr freundlichen und relativ anspruchslosen Nymphensittiche können viel Freude bereiten. Wenn man seinen Kindern diese wertvolle Erfahrung bieten möchte, muss man ihnen aber Anleitung und Unterstützung geben. Mit der Verantwortung allein gelassen, verlieren sie häufig schnell die Freude an den gefiederten Hausgenossen. Gehen Sie mit gutem Beispiel voran und erklären Sie Ihren Kindern, welche Befürfnisse die Sittiche haben. Dazu gehört auch, dass sie keine Kuscheltiere sind. Helfen Sie bei der Reinigung des Käfigs, der Fütterung und beim Fliegen lassen. Ab etwa 14 Jahren kann Ihr Kind die Pflege selbstständig übernehmen.

SMART

Dream-Team

- **In Tierheimen** warten häufig Nymphensittiche auf Vermittlung.
- **Oft** sind darunter auch zahme Pärchen oder dicke Kumpels, die den Umgang mit Menschen gewohnt sind und schnell Zutrauen fassen.
- **Bei liebevoller Pflege** fassen diese Vögel meist sehr schnell wieder Vertrauen zu Menschen.
- **Wagen Sie** doch einmal einen Blick in die Tierheime der Umgebung, Sie werden es nicht bereuen.

Clever aussuchen

Es gibt mehrere Möglichkeiten, wo Sie die neuen Hausgenossen herbekommen. Achten Sie immer darauf, dass dort die Haltungsbedingungen optimal sind. Die Vögel müssen einen gepflegten Eindruck machen, ebenso die Voliere, in der sie leben – es muss sauber sein!

Augen und Nase müssen frei von Ausfluss und Krusten sein.

Wo kaufen?

Wo Sie Ihre Nymphensittiche kaufen, hängt auch davon ab, welche Erwartungen Sie an die Tiere haben.

- **Zoofachgeschäfte** halten Nymphensittiche zumeist fast das ganze Jahr in verschiedenen Farbmutationen bereit. Und wenn sie den gewünschten Farbschlag nicht im Geschäft haben, sind die Mitarbeiter oft in der Lage, Ihnen die gesuchten Vögel zu besorgen. Normalfarbene Nymphensittiche bekommen Sie dort jederzeit.
- **Züchter** sind in der Regel die erste Wahl, wenn Sie selbst Zuchttiere erwerben wollen. In Fachzeitschriften für Vogelfreunde und im Internet finden Sie zahlreiche Adressen. Auch auf Vogelbörsen oder Vogelausstellungen bietet sich die Gelegenheit, mit Züchtern direkt in Kontakt zu kommen. Diese Veranstaltungen finden meist im Herbst statt und werden von den Zuchtvereinen organisiert. Sie bieten auch eine gute Gelegenheit, sich die vielen Farbschläge live anzuschauen.
- **Tierheime** vermitteln recht häufig Nymphensittiche, oft ebenso in interessanten Farbschlägen. Fragen Sie einfach einmal nach.
- **Per Inserat** in der Tageszeitung werden häufig Nymphensittiche samt Käfig oder Voliere abgegeben.

Sind die Vögel fit?

Zur ersten Prüfung entfernt man sich so weit vom Käfig, dass sich die Vögel ungestört verhalten. Dabei erkennt man einen kranken Sittich, der zuvor ängstlich sein Gefieder knapp an den Körper gelegt hat, deutlich: Die Augen sind nicht ganz geöffnet, die Federn werden gesträubt, der Vogel wirkt ausgesprochen schläfrig. Das Gefieder eines gesunden Nymphensittichs muss dicht erscheinen. Lücken können auf Mangelerscheinungen und Parasitenbefall hinweisen. Lassen Sie sich Zeit und beobachten Sie die Vögel bei ihrem Alltagsgeschäft: Suchen sie Kontakt zu Artgenossen und beschäftigen sie sich miteinander? Fressen und fliegen sie und putzen sie sich das Gefieder?

Gesunde Vögel *halten sich nur kurze Zeit auf dem Boden auf.*

Sind sie gesund?

Untersuchen Sie die Tiere dann aus der Nähe.

▸ **Augen und Schnabel** Dort darf es keinen Ausfluss geben. Hellgraue krustenförmige Erhebungen deuten auf Räudemilbenbefall hin.

▸ **Kloakenöffnung** Diese muss sauber sein und darf keine Verklebungen zeigen.

▸ **Beine** Fehlt eine Kralle oder gar eine ganze Zehe, ist dies ein Schönheitsfehler, solange der Vogel dadurch nicht eingeschränkt ist.

▸ **Parasiten** Reibt der Vogel sich ständig mit dem Kopf an einem Ast oder kratzt er sich dauernd, kann dies ebenfalls auf Parasitenbefall hinweisen.

▸ **Konsequent** Entdecken Sie in einer Voliere einen kranken Vogel, sollten Sie aus diesem Bestand keinen Sittich nehmen, er kann sich angesteckt haben, ohne Anzeichen zu zeigen.

SMART

Auf den Fußring achten

- **Papageien** dürfen nicht ohne amtlichen Fußring verkauft werden.
- **Achten Sie** darauf, dass alle angebotenen Vögel diesen Ring tragen. Er gibt Auskunft über das Alter und die Herkunft des Sittichs.
- **Der Fußring** ist geschlossen, besteht aus Metall und hat eine Gravur mit dem Geburtsjahr des Vogels und der Kennzahl des Züchters. Dadurch lässt sich jederzeit nachvollziehen, wer diesen Vogel gezüchtet hat.

Alles was Recht ist

Nymphensittiche werden, seitdem man sie etwa um das Jahr 1845 erstmals nach Europa eingeführt hat, überaus zahlreich gezüchtet. Seit dem Jahr 1960 werden aus Australien keine Tiere mehr ausgeführt und aus diesem Grund stammen alle bei uns erhältlichen Nymphensittiche aus Nachzuchten.

Zuchtvorschriften

So kann jedermann, ohne gegen den Artenschutz zu verstoßen, mit gutem Gewissen Nymphensittiche halten und pflegen. Allerdings dürfen wir dabei nicht gegen die Bestimmungen des Tierschutzes verstoßen. In Deutschland sind mit der Zucht von Pagageien Auflagen verbunden.

▸ **Psittakosevorbeugung** Die auch „Papageienkrankheit" (Seite 53) genannte Erkrankung kommt sehr selten vor, ist aber auf den Menschen übertragbar. Deswegen wird die Zucht aller Papageienarten – auch von Nymphensittichen – amtlich überwacht.

▸ **Hobbyzüchter** Als Züchter gilt man in Deutschland bereits, wenn man nur einem einzigen Pärchen im Zimmerkäfig Nachwuchsfreuden gönnen möchte. Auf keinen Fall dürfen Nymphensittichjungvögel, ohne dass sie gleich nach dem Ausschlüpfen beringt worden sind, in den Handel gebracht werden.

▸ **Fußringe** Sie erhält man über Züchtervereinigungen gegen Vorlage eines amtlichen Erlaubnisscheines für die Zucht. Um diese Erlaubnis zu erlangen, muss der künftige Züchter beim Amtstierarzt eine Eignungsprüfung abgelegen, bei der es nicht nur darauf ankommt, über Haltung, Fütterung und Zucht Bescheid zu wissen, sondern auch die Seuchenverordnung zu kennen, die sich auf die Psittakose bezieht. Ebenso muss ein Zuchtbuch geführt und ein

Richtig versorgt im Urlaub

Nehmen Sie eine Grundreinigung an Käfig oder Voliere möglichst kurzzeitig vor Ihrer Abreise vor, um den Betreuer der Vögel damit nicht zu belasten.

Weisen Sie die Urlaubsbetreuung etwa eine Woche vorher umfassend in die Pflege der Vögel ein, dann bleibt noch genug Zeit für die Besprechung eventueller Rückfragen.

Hinterlassen Sie wichtige Infos und Anweisungen schriftlich. Dazu gehören die Telefonnummer, unter der Sie im Urlaub erreichbar sind und die des Tierarztes. Hinterlegen Sie dem Vogelsitter auch dieses Buch.

Lassen Sie der Urlaubsvetretung ausreichend Vorrat an Futter, Sand und anderen Verbrauchsgütern da.

Sollen die Vögel auch in Ihrer Abwesenheit frei im Zimmer fliegen dürfen, sollte der Urlaubsbetreuer sie gut kennen und er muss sie immer dabei beaufsichtigen.

Knabbermaterial: *Ihre Nymphensittiche sollten stets frische Äste haben, auch wenn Sie im Urlaub sind.*

geeigneter Quarantäneraum nachgewiesen werden, in dem neue Tiere untergebracht werden können. Dies wird vom Veterinäramt vor Ort überprüft.

▸ **Österreich und Schweiz** Dort bestehen außer den allgemeinen Bestimmungen zum Tierschutz keine besonderen Regelungen für die Zucht von Nymphensittichen.

Urlaubspflege

Trotz der großen Zahmheit mancher Nymphensittiche ist die Beziehung zu ihrem Betreuer nie so eng wie etwa bei einem Hund oder einem Graupapagei. Dadurch ist das Urlaubsproblem schon leichter zu lösen. Im Idealfall können die Vögel an Ort und Stelle bleiben und werden jeden Tag von einem beauftragten Nachbarn oder Bekannten versorgt. Eine ganztägige Beaufsichtigung der Tiere ist meist sicher nicht möglich, sodass sie auf alle Fälle ihren Käfig nicht verlassen dürfen.

▸ **Zweitbeste Lösung** Die Vögel werden mit dem vertrauten Käfig an den Pflegeplatz gebracht (zu Bekannten, in eine Tierpension oder zu einem Zoofachhändler).

▸ **Drittbeste Lösung** Die Vögel werden am Pflegeplatz in einen für sie fremden Käfig gesetzt. Dies ist eine Konfrontation mit einer neuen Situation und sollte nur eine Notlösung sein.

SMART

Vogelsitter

› **Nicht immer** gibt es im Freundeskreis Personen, die die Betreuung Ihrer Sittiche im Urlaub übernehmen können.
› **Suchen Sie** dann schon recht frühzeitig den Kontakt zu anderen Vogelhaltern, um eine Pflege der gefiederten Freunde auf Gegenseitigkeit zu organisieren.
› **Möglichkeiten** bieten sich in Vogelzuchtvereinen, per Inserat oder Aushang.

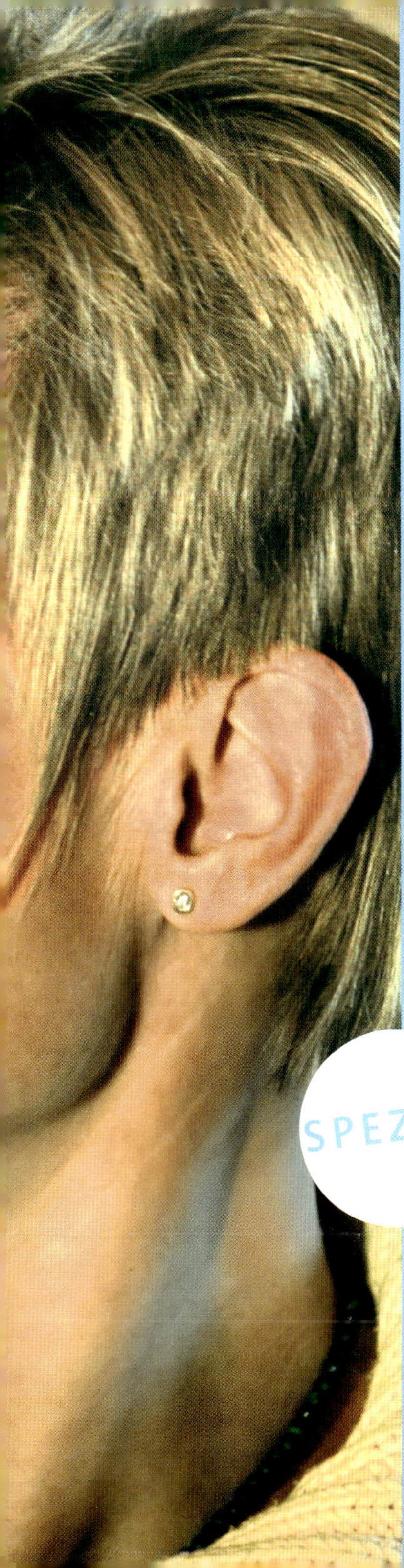

Aktiv im Team

Lebensraum für luftige Entdecker

Der Käfig wird wie für die meisten Vögel der Platz sein, an dem Ihre Nymphensittiche den größten Teil ihres Lebens verbringen. Das schönste messingglänzende Vogelheim muss noch lange nicht gut geeignet sein. Lassen Sie sich nicht von einer besonderen Form oder allerlei Zierat beeindrucken, sondern achten Sie auf Größe und Verarbeitung.

Wählen Sie ein einfaches quaderförmiges Modell. Solche Käfige sind für die Vögel am besten geeignet und am einfachsten zu pflegen. Wenigstens zwei der Gitterwände sollen waagrecht verdrahtet sein, damit die Nymphensittiche dort klettern können. Natürlich wählt man einen möglichst großen Käfig aus. Modelle unter 80 cm Länge sind höchstens zum Transport der Vögel geeignet, nicht aber für einen ständigen Aufenthalt.

In der Freivoliere können die Sittiche Sonne und frische Luft genießen.

Wohnalternativen für Sittiche

Bei der Unterbringung in einem normalen Käfig oder einer Zimmervoliere auf Rollen ist es wichtig, dass Ihre Nymphensittiche täglich Freiflug bekommen. Wenn Sie dafür nicht jeden Tag Zeit aufbringen können, sollten Sie Ihren Vögeln auch ohne Flugtouren im Zimmer genug Bewegung bieten.

▸ **Zimmervoliere** Denkbar wäre es beispielsweise, eine große Voliere im Zimmer zu errichten. Schließlich soll den Nymphensittichen eine Flugstrecke von wenigstens vier Metern geboten werden. Wer genügend Platz zur Verfügung hat, kann seine Vögel auf diese Weise unterbringen. Mit Ästen, den Ranken von Waldreben und einem ausgehöhlten Naturstamm als Brutgelegenheit lässt sich eine solche Voliere recht hübsch einrichten.

▸ Gartenvoliere Die Gelegenheit, eine solche Voliere zu bauen, bietet sich häufig. Leider wird sie von den Vogelhaltern viel zu wenig genutzt. Dabei gibt es nichts Besseres für die in unserer Obhut lebenden Vögel, als sie zumindest im Sommer in einer Freivoliere unterzubringen. Frische Luft, Sonnenlicht und ein warmer Sommerregen beleben unsere Vögel, bewirken gute Gesundheit und vor allem ein makelloses schönes Gefieder. Sittiche können auch niedrige Temperaturen gut verkraften. Sollen sie aber auch im Winter draußen bleiben, brauchen sie einen beheizbaren Schutzraum. Wichtig sind ebenfalls eine teilweise Überdachung für genügend Schattenplätze und die Sicherung gegen Greifvögel und Raubtiere wie Marder.

Turnübungen müssen auch im Vogelheim jederzeit möglich sein.

SMART **Praktischer Käfig**

- **Türen** sollten groß und genügend viele vorhanden sein, damit Sie alle Stellen erreichen können.
- **Die Bodenschale** sollte nicht nur aus einer einfachen Wanne bestehen, sondern eine ausziehbare Schublade besitzen. Das erleichtert die Reinigung und das regelmäßige Auswechseln des Sandes.

Käfigstandort

Eine helle Zimmerecke ist der beste Platz für einen Vogelkäfig. Keinesfalls darf er in der Mitte eines Raumes stehen. Wenn sich die höchsten Sitzsprossen über der Augenhöhe der menschlichen Mitbewohner befinden, ist dies ideal. Kann ein Vogel auf seine Betrachter herunterschauen, fühlt er sich wohl und sicher. Achten Sie auch darauf, dass die Vögel keinen plötzlichen Temperaturschwankungen oder gar Zugluft ausgesetzt sind, beides kann zu schweren Erkältungen führen. Auch Zigarettenrauch und Küchendämpfe schaden der kleinen Vogellunge.

Zubehör

Damit Ihre Nymphensittiche sich richtig wohl fühlen, müssen Sie Käfig oder Voliere noch einrichten.

Sitzstangen

Die mit den meisten Käfigen mitgelieferten, aus Kunststoff gefertigten Sitzstangen sind zwar leicht zu reinigen, doch bei der glatten Oberfläche kommt es wegen fehlender Abnutzung zu übermäßigem Krallenwachstum. Deswegen ist es besser, die Sitzgelegenheiten gegen natürliche Zweige auszutauschen. Diese sind elastisch und federn etwas, wodurch die Gelenke der Nymphensittiche geschont und gleichzeitig die Muskeln gefordert werden. In Frage kommen Zweige von Obstbäumen, Weide, Buche, Pappel, Erle oder Birke, diese sind nicht schädlich. Bringen Sie die Äste so an, dass die Vögel von einem zum nächsten etwas fliegen müssen und darunter befindliche Sprossen oder offene Futter- und Wassernäpfe nicht durch „Kotabwurf" der Nymphensittiche verunreinigt werden können. Natürliche Zweige und Äste – gern auch noch mit Blättern und Knospen – haben auch einen schönen Nebeneffekt: Die Sittiche knabbern mit Begeisterung daran, vertreiben sich so die Zeit und nehmen gleichzeitig auch noch gesunde Mineralien auf.

Futternäpfe und Wassertränke

In Futterautomaten bleiben die Sämereien schön sauber, doch einige Vögel picken sich nur ihre Lieblingskörner heraus, der Rest fällt auf den Boden und bleibt übrig. Das wird mit der Zeit nicht nur teuer, sondern kann auch zu Mangelernährung führen. Besser sind in das Gitter einhängbare Metallnäpfe, die sich leicht reinigen lassen. Für das Wasser sollten Sie Trinkautomaten verwenden. Kranke Vögel, die sich vorwiegend am Boden aufhalten, müssen natürlich dort zusätzlich ein Wasserschälchen und genügend Futter vorfinden.

Badehäuschen

Das tägliche Bad ist wichtig für die Gefiederpflege, sorgt für Wohlbefinden und macht vielen Nymphensittichen einfach einen Riesenspaß. Ideal sind in die Tür einzuhängende Badehäuser aus Kunststoff, die sich ebenfalls leicht reinigen lassen. Die Größe muss natürlich den Vögeln angemessen sein.

Inneneinrichtung des Vogelheims

Bauen Sie den Käfig nicht mit Sitzstangen zu, die Vögel müssen ausreichend Bewegungsspielraum haben.

Achten Sie auf genügend Abstand der Sitzstangen zum Gitter, sonst stoßen die Vögel sich die Schwanzfedern an.

Bringen Sie einige Sitzstangen schräg an, in der Natur wachsen Äste auch nicht waagrecht. Überlegen Sie, wie Sie Ihre Sittiche durch die Einrichtung fordern können.

Als Alternative zu einem Badehäuschen können Sie auch einfach eine Tonschale auf den Boden stellen. Achten Sie darauf, dass das Badewasser nicht durch den Kot darüber sitzender Vögel verunreinigt werden kann. Dies ist besonders wichtig, weil viele Nymphensittiche das Wasser nicht nur zum Plantschen nutzen, sondern auch davon trinken.

▸ Dusche Seien Sie nicht enttäuscht, wenn Ihre Vögel die Badegelegenheit nicht nutzen. Manche Nymphensittiche erfrischen sich lieber unter einer Dusche aus einer Spritzpistole oder in einem Bad aus feuchten Blättern oder schmackhaftem Salat.

Traute Zweisamkeit im Schaukelring stärkt die Familienbande.

Vogelsand

Den Boden des Vogelkäfigs oder der Zimmervoliere sollten Sie mit einer dünnen Lage Sand versehen. Dieser bindet nicht nur den Kot und verbessert dadurch die Hygiene, sondern er ist für alle Körner fressenden Vögel als Verdauungshilfe von Bedeutung (Seite 37). Von den verschiedenen, im Handel angebotenen Sorten ist der Flussvogelsand am besten geeignet. Nicht zu empfehlen sind mit Sand beklebte Papiereinlagen für den Käfigboden, von diesen können die Nymphensittiche sich nicht mit dem nötigen Sand bedienen. Ebenfalls nicht für Ihre Vögel geeignet sind Sandpapierumhüllungen für die Sitzstangen. Diese können zu schweren Reizungen und in der Folge zu Entzündungen an den Zehen führen. In Gartenvolieren mit Naturboden können Sie Sand und Grit in einer Schale anbieten.

SMART

Ganz natürlich

- **Die Natur** ist das beste Vorbild für die Gestaltung des Vogelkäfigs.
- **Die Sitzstangen** sollten unterschiedlich dick sein, damit die Sittichzehen sie nicht alle komplett umfassen können.
- **Einen Wippeffekt** bieten die Stangen, wenn Sie sie nur mit einer Seite am Gitter befestigen.

Freundschaft schließen

Wenn der Käfig oder die Voliere fertig eingerichtet ist, können Ihre neuen Mitbewohner ihr künftiges Domizil beziehen. Nun müssen Sie ihr Vertrauen gewinnen.

Der Heimweg

Wenn Ihnen der Händler für den Heimtransport der Vögel ein Kistchen anbietet, greifen Sie zu. Sie brauchen es nicht nur, um sie gut nach Hause zu bringen, sondern auch später einmal, wenn Sie mit ihnen zum Tierarzt müssen. Faltkartons können von einem Nymphensittich leicht aufgebissen werden und für einen Ungeübten ist es manchmal gar nicht so einfach, den Vogel aus dem Karton in den Käfig zu bringen. Der Transport im Käfig ist keine gute Idee, die Verletzungsgefahr ist groß.

Dieser „Friedenspfeife" widerstehen die wenigsten Nymphensittiche und so können Sie auch mit scheuen Gesellen erste Bande knüpfen.

Bezug der neuen Wohnung

Die Neuankömmlinge lässt man am besten aus dem Transportbehälter gleich in den für sie bestimmten Käfig klettern – stellen Sie die Box dazu offen auf den Boden des Käfigs oder der Voliere. Geben Sie den Vögeln die Zeit, die sie brauchen, um sich aus der Kiste herauszutrauen. Auf keinen Fall dürfen Sie sie durch Klopfen oder Schütteln dazu „motivieren", den Käftig zu betreten. Dies würde die Sittiche zusätzlich erschrecken.

▸ Alles ist neu Die Nymphensittiche sind verständlicherweise verstört, wurden sie doch aus ihrer gewohnten Umgebung gerissen, in einer dunklen Kiste transportiert und dabei ordentlich durchgeschüttelt, finden sich in einer fremden Umgebung und bei fremden Menschen wieder. Stellen Sie sich vor, wie es Ihnen in diesem Moment zumute wäre. Bedrängen Sie die Vögel deswegen in den ersten Tagen nicht und beschränken Sie sich auf die notwendigsten Handgriffe.

Vertrauen aufbauen

Ein einzelner Sittich, dem erst später ein Partner zugesellt werden soll, wird nun ein paar Tage ruhig herumsitzen, denn er verkraftet es nicht so leicht, plötzlich von seinen Artgenossen getrennt zu sein. Haben Sie aber gleichzeitig zwei Tiere mit nach Hause gebracht, zeigen sie sich schon bald wieder in ihrer üblichen Munterkeit. Trotzdem dürfen die Nymphensittiche nicht bedrängt werden, das würde sie noch mehr verunsichern und die weitere Vertrauensbildung sehr erschweren.

Wenn die Neulinge erst einmal „aufgetaut“ sind, können Sie die ersten Kontakte knüpfen. Die Tiere werden am besten zahm, wenn Sie zuerst einen Vogel aufnehmen und den anderen etwa zwei Wochen später holen, und sich dann mit jedem der Vögel getrennt beschäftigen.

▸ **Basisarbeit** Ruhige und einschmeichelnde Worte sind die beste Grundlage, das Zutrauen Ihrer Nymphensittiche zu gewinnen. Wann immer Sie sich dem Vogelheim nähern, sollten Sie ganz leise und freundlich mit ihren gefiederten Untermietern sprechen.

Sonnenblumenkerne eignen sich prima als erste Freundschaftsgabe.

SMART

Gutes Timing

- **Sittiche** können sich im Dunklen nur schlecht orientieren und bekommen dann leicht Panik.
- **Das Umsetzen** der neuen Vögel erfolgt deswegen am besten morgens oder am Mittag. Dann haben die Tiere genügend Gelegenheit, sich ihre neue Umgebung in Ruhe anzuschauen.
- **Ziehen die Vögel** am späten Nachmittag bei Ihnen ein, sollten Sie ihnen mit künstlichem Licht bei der Orientierung helfen.

Umgangsregeln

In Anpassung an ihre Lebensbedingungen in der Heimat Australien sind Nymphensittiche Fluchttiere und immer auf der Hut vor möglichen Feinden. Bei der Zähmung der neuen Freunde ist es also sehr wichtig, auf ihr natürliches Fluchtverhalten Rücksicht zu nehmen.

Vertrauen Dieser Vogel hat seine Angst vor der Hand verloren.

Die Scheu vor der menschlichen Hand

Die Hand wirkt sehr bedrohlich auf die Vögel, besonders wenn sie sich von oben nähert, denn dies erinnert sie an den Angriff eines Feindes. Als Erstes gilt es also, den Sittichen begreiflich zu machen, dass ihnen von ihr kein Unheil droht.

▸ Tipps von gestern Vielleicht finden Sie beim Stöbern in älterer Literatur den Rat, einige Schwungfedern zu stutzen, damit die neuen Vögel eher zahm werden. Vergessen Sie dies bitte sofort – es ist keinesfalls ein Weg, sich mit einem Sittich anzufreunden!

▸ Freundschaftsgabe Der beste Weg führt immer über das Futter. Man hält dem Nymphensittich etwas, das er gerne frisst, mit der Hand erst durch das Gitter und später im Käfig hin, ein Stückchen Kolbenhirse oder ein Salatblatt. Er wird sich bald interessiert hinwenden, aber vorerst noch nicht den Mut haben, sich diesen Leckerbissen aus der Hand zu holen. Aber wenn Sie ihm Tag für Tag geduldig auf diese Art ein Stück Futter anbieten und dabei freundlich mit ihm sprechen, wird er auf die Hand steigen. Zuerst wohl sehr zögerlich, aber bald wird er ganz selbstverständlich auf die hingehaltene Hand springen.

Nachtruhe

Jede Aktivität Ihrer Sittiche ist mit Lautäußerungen verbunden, über die sich vor allem im Sommer bei frühem Tagesbeginn nicht jedermann freut. Die markante Stimme der agilen Nymphensittiche ist mitunter sehr durchdringend und laut – und dabei nicht immer melodiös. Das Geräuschaufkommen lässt sich jedoch steuern, indem man den Käfig abends einfach mit einem dunklen Tuch zudeckt. Sobald man es in der Frühe entfernt, ist der Sittich „eingeschaltet“ und beginnt sein tägliches, munteres Treiben. Zahme Vögel richten sich vielfach nach dem Tagesrhythmus ihres Besitzers und sind solange still, bis er aus den Federn kriecht. Manche Vögel fühlen sich aber unter dem

Die Hand hat immer etwas Leckeres parat – hier einen Apfelschnitz.

Tuch nicht wohl, einige bekommen sogar Panik. Regulieren Sie die Helligkeit dann besser durch abgedunkelte Räume. Wie auch immer, Sie müssen darauf achten, dass Ihre Vögel nach zwölf Stunden Aktivität eine ebenso lange Nachtruhe genießen können. Steht der Käfig im Wohnzimmer, wo vielleicht noch bis weit nach Mitternacht ein Fernsehgerät bunte Lichtreize produziert, muss er zugedeckt werden, da dies die Nymphensittiche sehr irritiert. Stimmen und Musik in Zimmerlautstärke stören die Vögel jedoch weniger. Auch im Freien ist der Tagesablauf der geselligen Nymphensittiche streng geregelt und wird durch die Morgen- und Abenddämmerung gesteuert. Ein unregelmäßiger Tagesrhythmus oder zu wenig natürliches Tageslicht können sogar zu Gefiederproblemen und Krankheiten führen.

SMART

Eingewöhnungszeit

- **Freiflug** darf erst auf dem Programm stehen, wenn die Vögel handzahm sind.
- **Die Wartezeit** beträgt ca. zwei bis drei Wochen und hängt davon ab, wie viel Vertrauen die Nymphensittiche bisher zu Ihnen gewonnen haben. Vögel, die noch handscheu sind, gehen nicht immer von allein in den Käfig zurück und müssen dann eingefangen werden.
- **Diese Orientierungzeit** hilft den Sittichen auch, sich das Freiflugzimmer in aller Ruhe einzuprägen.

Nymphensittiche verstehen

Wie viele andere Tiere auch, die in freier Natur in einer Gemeinschaft mit Artgenossen leben, verfügen Nymphensittiche über ein komplexes Ausdrucksverhalten, um sich zu verständigen.

Die Kopfhaube

Sie ist das auffälligste Merkmal dieses hübschen Vogels. Doch noch wichtiger als ihre zierende Eigenschaft ist die Bedeutung im Rahmen der Kommunikation, denn mit ihr werden Launen und Stimmungen ausgedrückt.

- **Neugier** wird durch eine aufgestellte Haube gezeigt. Dann hat etwas das Interesse des Vogels geweckt oder er ist unternehmungslustig.
- **Relaxed** ist ein Nymphensittich, wenn die Haube locker auf dem Kopf liegt oder noch ganz leicht steht.
- **Bei Furcht** oder Verteidigung wird der Kopfschmuck ganz straff an den Kopf angelegt. Der Nymphensittich ist dann unsicher.

Körpersprache der Nymphensittiche

Wenn Sie wissen, was das Verhalten Ihrer gefiederten Freunde bedeutet, können Sie noch viel besser auf ihre Bedürfnisse eingehen.

- **Strecken** von Flügeln und Beinen sowie das Schütteln nach dem Schlafen dienen dazu, Muskeln und Kreislauf auf Trab zu bringen und das Gefieder zu ordnen.
- **Das Reiben** von Kopf und Schnabel ist ein Teil der Körperpflege. Ständiges Reiben kann aber auf einen Parasitenbefall hinweisen. Es wird auch diskutiert, ob dieses Verhalten eine Übersprungshandlung sein könnte, wenn der Vogel verlegen ist.
- **Aufplustern** des Gefieders kann mehrere Bedeutungen haben. Das Gefieder ist ein kleines Wunderwerk der Natur und ermöglicht es dem Vogel nicht nur zu fliegen, sondern auch seine Körpertemperatur zu regulieren. Durch Aufplustern entstehen „Luftpolster“ zwischen den Federn, die warm halten. Die Nymphensittiche nutzen dies beispielweise beim Schlafen und stecken

Körper- und Lautsprache

Die Lautsprache ist bei Nymphensittichen sehr wichtig. Neben dem Fauchen gibt es auch Kontaktrufe, mit denen von der Gruppe getrennte Vögel wieder zurückfinden oder den Warnruf, wenn sich Feinde nähern.

Die Körpersprache weist durchaus Parallelen zu der des Menschen auf. Bei Unsicherheit macht sich der Vogel klein und unscheinbar, indem er das Gefieder eng anlegt, beim Drohen durch Spreizen der Flügel hingegen groß.

Spreizt ein Sittich die Flügel und hat den Schnabel geöffnet, ist ihm häufig warm. Er versucht sich dadurch Kühlung zu schaffen. Wenn die Vögel ganz oder teilweise draußen untergebracht sind, brauchen sie unbedingt die Möglichkeit, sich in den Schatten zurückzuziehen.

SMART

Artübergreifend

- **Nymphensittiche** verständigen sich nicht nur mit Artgenossen durch Laut- und Körpersprache, sie zeigen diese auch dem Menschen gegenüber.
- **Die Aufforderung** zum Kraulen ist ein echter Vertrauensbeweis, der Sie dann auch unbedingt folgen sollten.
- **Fauchen** ist ein unmissverständliches Signal, man solle bitte Abstand halten. Der Nymphensittich „wünscht" nun seine Ruhe.

Neugierig und aufmerksam ist der Nymphensittich, wenn seine Federhaube locker aufgerichtet ist.

dabei ihren Kopf in das Rückengefieder, um keine Wärme zu verlieren. Stören Sie ihn dann nicht, er könnte sich erschrecken und dabei verletzen. Auch wenn dem Sittich kalt ist, wird das Federkleid aufgeplustert. Zeigt er dieses Verhalten ständig, kann es sein, dass der Vogel krank ist.

‣ Gefiederpflege nimmt viel Zeit im Alltag eines Sittichs ein: Das Gefieder muss ständig in Topform sein, um funktionsfähig zu bleiben. Bei wild lebenden Vögeln sichert dies das Überleben. Sie müssen jederzeit flugfähig bleiben.

Verhalten mit Artgenossen

Bei der Haltung von zwei oder mehr Sittichen kann man auch herrlich ihr innerartliches Sozialverhalten beobachten. Paare gehen besonders liebevoll miteinander um, unternehmen fast alles gemeinsam, angefangen von Fressen bis hin zur Hilfe bei der Gefiederpflege an den Stellen, die der Partner selbst nicht erreichen kann. Das Neigen und das Anbieten des Kopfes sind die Aufforderung an den Partner, jetzt doch bitte zu kraulen. Obwohl Nymphensittiche sehr friedliche Vögel sind, kommt es natürlich auch hier gelegentlich zu einem meist harmlosen Streit. Angefangen von entschlossener Körperhaltung über eindringliches Fauchen bis hin zum Imponieren durch Ausbreiten der Flügel gibt es viele Varianten, einen Kontrahenten in die Schranken zu weisen. Reicht dies nicht, kommt auch der Schnabel zum Einsatz.

Vergesellschaftung

Nicht bei allen Papageien ist friedliches Zusammenleben mit den Artgenossen eine Selbstverständlichkeit. Die Nymphensittiche hingegen sind wahre Musterbeispiele dafür. In einer ausreichend großen Voliere können zehn und noch mehr Nymphensittiche gehalten werden, ohne dass es zu ernsten Auseinandersetzungen kommt.

Vogelfreunde

Wenn Sie einem oder mehreren bereits vorhandenen Nymphensittichen einen Artgenossen zugesellen wollen, sollten Sie den Neuzugang erst für zwei oder drei Wochen getrennt halten. Dies beugt einerseits der Gefahr vor, ansteckende Krankheiten in den Bestand einzuschleppen. Andererseits haben Sie in diesen Wochen die Gelegenheit, sich mit dem neuen Hausgenossen zu beschäftigen.

▸ Kennen lernen sollten die Vögel sich erst einmal auf Distanz, jeder in seinem eigenen Käfig, die nebeneinander stehen. Der erste richtige Kontakt sollte dann beim Freiflug stattfinden. Etwa eine Woche lang sollten die Vögel sich nur beim Freiflug begegnen. Vertragen Sie sich gut, können die Nymphensittiche gemeinsam in den Käfig einziehen. Kommt es dabei allerdings zum Streit, müssen Sie nochmal von vorn beginnen.

▸ Problematisch kann die Vergesellschaftung bei Vögeln werden, die lange Zeit allein gelebt haben sehr stark auf den Menschen geprägt sind. Der Artgenosse wird dann als Konkurrent gesehen und es kann in diesen Ausnahmefällen zu schweren Kämpfen kommen. Suchen Sie sich dann die Unterstützung eines Fachmannes, der Ihnen hilft, die Vögel aneinander zu gewöhnen.

Partnerlook: Nicht nur das Äußere dieser beiden ist harmonisch.

Tolerant und friedlich

Aber auch gegen artfremde Mitbewohner haben unsere Vögel nichts einzuwenden. Wellensittiche und sogar die kleinen Zebrafinken haben von ihnen nichts zu befürchten. Man muss nur darauf achten, den Nymphensittichen keine Unfriedenstifter, wie etwa die gerne „haxelbeißenden" Rosenköpfchen (*Agapornis roseicollis*), beizugesellen. So können Sie in einer großen Voliere eine bunte Vogelgesellschaft zusammenstellen und das Verhalten vieler verschiedener Arten beobachten. Achten Sie darauf, dass es in der Gemeinschaftsunterkunft genügend Rückzugsmöglichkeiten gibt, zum Beispiel in belaubtem Geäst.

Zwei Australier, die sich gut verstehen und gleiche Ansprüche haben.

Hund, Katze & Co.

Von normal geprägten Nymphensittichen geht selten eine Gefahr für andere Tiere aus. Im Zusammenleben mit ihnen ist trotzdem Vorsicht angebracht. Besonders Hunde und Katzen können den Piepmätzen Schaden zufügen. Gut erzogene Hunde können zwar lernen, die Vögel zu tolerieren oder zu ignorieren, trotzdem sollte der Vierbeiner immer unter Aufsicht sein, wenn die Vögel fliegen. Dies gilt erst recht für Katzen, die häufig außerdem die Gelegenheit nutzen, die Vögel im Käfig zu „belästigen“. Stark auf den Menschen geprägte Nymphensittiche reagieren bei anderen Tieren mitunter eifersüchtig. Dann können sie gerade Nagern und Kaninchen gegenüber aggressiv sein. Die Kaninchen können sich meist aber gut wehren.

SMART

Vergesellschaftung in der großen Voliere

- **Das Zusammensetzen** in einer großen Voliere ist meist unkompliziert.
- **Nach der Quarantäne** können Sie den Käfig einfach auf den Boden der Voliere stellen und den Nymphensittich in sein neues Reich entlassen.
- **Die Voliere** muss viele Versteckmöglichkeiten bieten, damit der Vogel sich in Ruhe orientieren kann.
- **Beobachten** Sie die Vögel anschließend und greifen Sie nur ein, wenn es zu ernsthaften oder ständigen Streitereien kommt.

Körner und Co.

In ihrer Heimat haben Nymphensittiche selten die Möglichkeit, wählerisch zu sein und müssen mit dem Vorlieb nehmen, was die Natur ihnen bietet.

Futtermischungen

Nymphensittiche ernähren sich frei lebend vorwiegend von den Samen verschiedener Gräser. Darauf müssen wir natürlich Rücksicht nehmen. Bei der Haltung als Heimtier entdecken viele Vögel schnell ihre Vorliebe für bestimmte Körner. Aus diesem Grund müssen Sie stets darauf achten, dass sie sich ausgewogen ernähren. Im Handel gibt es fertig abgepackte Mischungen unter der Bezeichnung „Großsittichfutter“. Meist ist sogar ein Nymphensittich auf den Packungen abgebildet. Seien Sie aber nicht überrascht, wenn Ihre Vögel etliches davon übrig lassen. Diese Mischungen sind nicht auf den Bedarf einer bestimmten Art zugeschnitten, es ist nur dafür gesorgt, dass für jede der vielen Großsitticharten etwas dabei ist.

▸ Meine Empfehlung Bieten Sie Ihren Nymphensittichen eine Mischung aus Wellensittich- und Kanarienfutter an und ergänzen Sie es mit einigen Sonnenblumenkernen. Verschiedene Hirsesorten, Spitzsamen, Rübsamen, Nigersaat und geschälter Hafer gehören damit zum Futterangebot. Zumindest zur Brutzeit sollten diese Körner auch gekeimt (Seite 39) angeboten werden.

▸ Sonnenblumenkerne enthalten viel Fett und sollten deshalb maßvoll gegeben werden. Ideal sind sie als Belohnung und Anreiz beim Spiel mit den Vögeln.

▸ Ganz frisch Sehr beliebt sind Körner im natürlichen Fruchtstand. Rote und gelbe Kolbenhirse zählen zu diesen begehrten Leckerbissen. Im Zoofachhandel ist auch Rispenhirse erhältlich, von Juli bis Anfang Oktober frisch und grün, das übrige Jahr getrocknet.

Ein Maiskolben ist nicht nur besonders schmackhaft, sondern bietet auch Beschäftigung – jedes Korn muss einzeln haerausgearbeitet werden.

Knabberstangen und Snacks

Sie werden im Handel für Sittiche in großer Fülle angeboten, wie etwa Kräcker, Glocken, Herzen oder Futterblöcke. Daran wird gerne geknabbert. Wesentlich ist dabei, dass die Tiere eine zusätzliche Beschäftigungsmöglichkeit bekommen, denn Nymphensittiche leiden sehr oft unter Langeweile. Trotzdem sollten diese Leckerbissen die Ausnahme bleiben, da sie viel Energie enthalten. Lieber als Belohnung öfter Obst geben.

SMART

Wie viel Futter?

- **Vögel** dürfen keinen Hunger leiden, sonst werden sie schnell schwach und krank.
- **Pro Nymphensittich** reichen etwa 40 bis 50 g Körnerfutter pro Tag. Es muss aber immer noch eine kleine Menge im Napf übrig bleiben.
- **Pusten** Sie leere Hülsen im Napf weg, manche Vögel finden die vollen Körner darunter nicht.
- **Trinkwasser** muss immer frisch im sauberen Napf zur Verfügung stehen.

Kolbenhirse wird meist auch von kranken Vögeln gern angenommen.

Grit und Sand

Zwei Dinge dürfen wir nicht vergessen: Wie viele andere Körner fressende Vögel auch nehmen Nymphensittiche Sandkörner und die kleinen Gritsteinchen auf, die im Magen bei der Aufbereitung der Körnernahrung eine große Bedeutung haben. Die Steinchen zerreiben die Körner und machen sie besser verdaulich, sodass Nährstoffe besser aufgenommen werden. Als Käfigeinstreu oder in einem Napf muss daher den Vögeln immer Sand (Fluss- oder Seesand) zur Verfügung stehen.

Frisch und knackig

Da Nymphensittiche sehr gerne auch Grünes futtern, sollte man ihnen zumindest Bio-Salatblätter – frisch gewaschen und mit saugfähigem Küchenpapier abgetrocknet – geben. Gartenbesitzer haben es da leichter, denn in einem Winkel wächst ganz bestimmt Vogelmiere.

Frischfutter ist ein wichtiger Bestandteil der Ernährung und versorgt die Sittiche mit Vitaminen, Mineralien und Spurenelementen. Deshalb gehört es jeden Tag auf den Speiseplan Ihrer gefiederten Freunde. Zugleich bietet es auch Abwechslung in der täglichen Einheitskost.

Frische Abwechslung

Je nach Jahreszeit können Sie Ihren Nymphensittichen unterschiedliche Sorten Frischfutter auftischen.

Wer keinen eigenen Garten hat, kann eine reichliche Auswahl in der Obst- und Gemüseabteilung finden. Achten Sie darauf, dass es biologisch angebaut ist.

Beliebt ist Grünfutter wie Vogelmiere aus dem Garten, Salat oder Petersilie, die es auch im Topf zu kaufen gibt.

Wer gern spazieren geht, kann seinen Nymphensittichen auch leckere Souvenirs mitbringen, z. B. junge Löwenzahnblätter, -blüten und halbreife Samenstände, Schafgarbe, Rispengras, Hirtentäschelkraut und Sauerampfer.

Ferner kann man den Vögeln täglich ein Stück Apfel oder Karotte anbieten, andere mögen vielleicht lieber Birne, Kiwi, Melone, Orangen, Mandarinen, Johannisbeeren, Weintrauben, Kirschen oder Erdbeeren.

Die im Zoofachhandel erhältlichen Keimtöpfe versorgen die Sittiche zusätzlich mit frischem Grün.

Frischkost hält Nymphensittiche fit

Grünfutter und Obst muss sein – aber es muss bestimmte Qualitätsanforderungen erfüllen, damit es den Vögeln nicht schaden kann.

- Das Frischfutter muss immer einwandfrei sein. Gekauftes Obst und Gemüse sollten gewaschen und nötigenfalls geschält werden. Auf die Gabe von Kopfsalat verzichten Sie lieber, dieser ist oft mit sehr hohen Nitratmengen belastet.
- Selbst gesammeltes Grünfutter darf nicht an viel befahrenen Straßen oder Industrieanlagen gesucht werden, weil dort die Schadstoffbelastung zu hoch ist. Doch müssen Sie unbedingt darauf achten, dass Gräser, Äste und Kräuter nicht mit Hunde- oder Vogelkot verschmutzt sind.
- Ganz wichtig Frischfutter darf nicht schimmelig oder faulig sein, das kann Krankheiten verursachen. Geben Sie Ihren Nymphensittichen also kein Obst oder Salat, den sie nicht auch selbst essen würden. So liegen Sie immer richtig.

▸ Vitaminpräparate können bei Krankheiten, in der Mauser oder der Brut und Jungenaufzucht wertvolle Dienste leisten, ersetzen aber die Fütterung mit Frischfutter nicht. Kalksteine und Sepiaschulpe decken den Bedarf an wichtigen Mineralstoffen.

Aufgepießt wird die gesunde Karotte meist mit mehr Begeisterung angenommen als bequem und kleingeschnitten in den Napf gelegt.

Keimfutter

Wenn Sie Ihren Vögeln eine besondere Freude bereiten und sie gleichzeitig auf einfache Weise mit Vitaminen versorgen wollen, können Sie ihnen angekeimtes Körnerfutter anbieten. Die Samenkörnchen sind dann nicht nur weicher, sondern, wenn der Keim durchbricht, besonders gehaltvoll. Wer Sittiche züchtet, hat auf diese Weise gleichzeitig ein sehr gutes Aufzuchtfutter zur Verfügung. Der einzige Nachteil: Das Keimfutter hält sich nicht lange, bei warmem Wetter beginnt es nach ein paar Stunden zu säuern und ist dann schädlich. Die Näpfe müssen täglich gut gereinigt werden.

▸ Legen Sie einen Teil der täglichen Körnerration in ein Sieb und spülen Sie sie gründlich unter fließendem Wasser. Stellen Sie das Sieb etwa fünf Stunden mit den Körnern in eine mit Wasser gefüllte Schüssel, damit sie sich vollsaugen können, dann wieder gründlich abspülen. Hängen Sie nun das Sieb in eine leere Schüssel und decken Sie sie mit einem Tuch ab. Spülen Sie die Körner täglich mindestens einmal unter Wasser ab – je höher die Umgebungstemperatur, desto öfter müssen Sie dies tun, um dem Faulen und Schimmeln der Körner vorzubeugen. Sie können Ihren Nymphensittichen die leckeren Körner anbieten, sobald sich die Keime an den Körnern zeigen.

SMART

Garten am Fenster

- **Ständigen Nachschub** an Frischfutter können Sie leicht selbst ziehen.
- **Säen Sie** einige Körner in einen flachenTopf mit ungedüngtem Torf.
- **Wenn das Gras** etwa 10 cm hoch ist, können Sie es den Vögeln anbieten.
- **Besonders lecker** für die Vögel ist es, wenn Sie warten, bis die Gräser Rispen tragen und dann den Topf in den Vogelkäfig stellen. Zwischendurch leicht düngen.

Fit mit fun

Nymphensittiche in unserer Obhut führen ein bequemes und sorgenfreies Leben – oft auch ein sehr langweiliges. Denn sie haben sehr viel „Freizeit", müssen sich weder um Nahrungsbeschaffung noch um Feinde oder Nachwuchs kümmern. Deswegen sollten Sie versuchen, ein wenig Schwung in ihren Alltag zu bringen.

Langeweile kann auch die Ursache für Aggressivität sein.

Innendekoration

Da viele Sittiche die meiste Zeit ihres Lebens in ihrem Käfig oder der Voliere verbringen werden, sollten Sie dort anfangen, für Abwechslung zu sorgen.

- Äste und Zweige zum Klettern und Anknabbern lassen sich in einem Käfig nur wenige anbringen, schließlich soll die Unterkunft nicht „vollgestopft" werden. Trotzdem können Sie einige zusätzlich zu den Sitzstangen im Vogelheim befestigen, z. B. Platz sparend senkrecht am Gitter und natürlich auch als gesunde Sitzgelegenheit. Noch mehr Spaß haben Ihre Vögel, wenn die Äste belaubt sind, Knospen oder Blüten tragen.
- Eine Schaukel oder ein Ring im Käfig dienen durch die beim Landen und beim Schaukeln notwendigen Ausgleichsbewegungen der Körpergymnastik. Viele Nymphensittiche lieben es, hin und her zu wippen.
- Das Obst sollten Sie immer an einer anderen Stelle im Käfig befestigen, am Gitter, auf einen Ast gespießt oder davon herunterhängend.
- Gestalten Sie die Wohnung Ihrer Nymphensittiche möglichst farbenfroh und abwechslungsreich, denn Ihre Sittiche können sehr gut Farben und Formen unterscheiden. Verändern Sie immer wieder einmal etwas daran. Dies können Sie mit bunten Pappstreifen, Hibiskusblüten oder buntem Spielzeug ganz leicht umsetzen.

Kleine Geschenke

Überraschen Sie Ihre Vögel regelmäßig mit einem kleinen „Geschenk", das sie untersuchen können. Schon ein neuer Stein auf dem Käfigboden weckt ihr Interesse und Sie können beobachten, wie die Sittiche diesen erst misstrauisch beäugen, bis sich der mutigste nach unten traut, um ihn aus der Nähe zu begutachten. In solchen Situationen kann man die Persönlichkeiten der Tiere sehr schön beobachten. Wenn die Vögel sich auf den Stein setzen, nutzen sich die Krallen sogar zusätzlich ab. Auch eine Muschel oder ein sauberes Schneckenhaus machen die Tiere neugierig.

Knabberspaß der Extraklasse bietet ein belaubter Naturzweig.

Sprachunterricht

Dies ist auch eine schöne Möglichkeit der Beschäftigung. Allzu viel darf man auf diesem Gebiet von einem Nymphensittich aber nicht erwarten, eher zeigt er sein Talent im Nachpfeifen kurzer Melodien. Auch ohne spezielles Einstudieren kann er es zu solchen Leistungen bringen. Wer aber größten Wert darauf legt, einen gefiederten Stimmenimitator bei sich zu haben, braucht viel Geduld, Konsequenz und – einen begabten Nymphensittich. Gerade auf diesem Sektor merkt man die großen Unterschiede zwischen den einzelnen Vögeln. Möglichst oft muss man dem Vogel das Wort vorsprechen oder die Melodie vorpfeifen. Für das Haupttraining eignet sich die Abenddämmerung am besten und man sollte jede Ablenkung ausschließen. Die meisten Nymphensittiche erweisen sich eher als kleine „Kunstpfeifer“. Männchen haben von Natur aus ein größeres Repertoire an Lautäußerungen und sind die besseren Imitatoren.

SMART

Imitationstalente

- **Wörter** nachzuplappern liegt nicht jedem Nymphensittich.
- **Bleibt das Training** „vergebliche Liebesmüh“, schauen Sie, ob ihr Vogel andere Talente besitzt, die Sie fördern und ihn so fordern können.
- **Die australischen Sittiche** sind z. B. häufig begabte Imitatoren. Spielen Sie ihnen öfter einen Klingelton vor, etwa den Ihres Mobiltelefons. Es kann sehr gut sein, dass die Vögel dies schon bald perfekt nachmachen.

Kleine Muntermacher

Die Vertreter der Papageienartigen sind allesamt intelligent und auch erst dann glücklich, wenn ihr Grips gefordert wird. Spielzeuge bieten dazu eine großartige Möglichkeit.

Obwohl Nymphensittiche sich viel miteinander beschäftigen, bieten Spielzeuge in vielen Ausführungen jede Menge Abwechslung. Achten Sie bei der Auswahl darauf, dass die Vögel sich nicht daran verletzen können. Gefährlich sind scharfe Kanten, Splitter, Kleinteile oder auch Kunststoff. Am schönsten sind immer noch natürliche Materialien. Doch auch diese können ihre Tücken haben. Prüfen Sie deswegen regelmäßig, z. B. bei Sisalseilen, ob sich einzelne Fäden gelöst haben, denn sie können sich um die Gliedmaßen des Vogels wickeln und sie abschnüren.

Spielzeuge machen eine Menge Spaß, am besten zu Zweit beim gegenseitigen Necken mit dem Kumpel.

1 Futterspiele

Die Futtersuche beansprucht einen großen Teil des Alltags frei lebender Nymphensittiche, oft legen Sie dabei große Strecken zurück. So schwierig müssen Sie es Ihren Hausgenossen nicht machen, doch ein wenig Herausforderung darf schon sein. Bieten Sie ihnen gelegentlich ganze Sonnenblumen zum Knabbern an, verstecken Sie Leckerbissen unter einem Papiertuch oder in einem mit Laub gefüllten Karton.

2 Kletterbaum

Klettern gehört zu den Lieblingsbeschäftigungen der munteren Sittiche. Der Zoofachhandel bietet eine große Auswahl verschiedener Klettergeräte in groß und klein. Wenn Sie etwas handwerkliches Geschick besitzen, können Sie auch ganz leicht einen solchen Kletterplatz selbst basteln und im Freiflugzimmer aufstellen, wo er sicher vor Zugluft geschützt ist. Von dem Hauptast sollten mehrere unterschiedlich dicke Zweige abgehen und so verschiedene Sitz- und Klettermöglichkeiten bieten. Interessanter gestalten Sie den Baum, wenn Sie zusätzlich Seile, Leitern, Glöckchen, Schaukeln und einige Ringe anbringen.

3 Teamwork

Mit einem besonderen Leckerbissen können Sie Ihre agilen Nymphensittiche zu lustigen Spielen animieren, etwa durch einen Holzreifen zu springen oder auf ein Holzklötzchen zu hüpfen. Sie müssen nur noch herausfinden, für welche Leckerbissen Ihre Vögel sich richtig anstrengen. Hoch im Kurs stehen Sonnenblumenkerne, diese sollten aber nur maßvoll gegeben werden, Alternativen sind Obst und Grünfutter.

Nymphensittich on tour

Eines ist besonders wichtig: Ihre neu erworbenen Vögel sollen sich erst einmal in ihrem Käfig eingewöhnen und von dort aus die neue Umgebung richtig kennen lernen. Das beugt möglichen Unfällen vor, die durch fehlende Ortskenntnis passieren könnten. Mindestens genauso wichtig ist es, dass die Nymphensittiche Vertrauen zu ihren Menschen gefasst haben. Denn wenn sie die Scheu vor der menschlichen Hand verloren haben und nach der Flugstunde wieder freiwillig in den Käfig zurückkehren, erspart das allen Beteiligten viel Stress.

Freiflieger vor Gefahren schützen

Schließen Sie Fenster und Türen, damit die Vögel nicht entfliegen können und keine Zugluft herrscht.

Beugen Sie Vergiftungen vor, indem Sie alle Chemikalien, Zigaretten, Medikamente und Alkohol wegschließen.

Decken Sie Aquarien ab und stellen Sie Vasen, Kannen, Töpfe und Putzeimer in den Schrank.

Achten Sie darauf, dass die Nymphensittiche sich nicht an brennenden Kerzen oder Kaminen, Öfen, Heizlüftern, heißen Herdplatten oder Bügeleisen verbrennen können.

Lassen Sie keine Wollknäuel offen herumliegen. Die Vögel können sich darin verheddern und in der Panik verletzen.

Lassen Sie keine giftigen oder gefährlichen Pflanzen im Zimmer stehen, damit sie nicht daran knabbern können.

Bringen Sie andere Tiere gegebenenfalls in einem separaten Raum unter und passen Sie selbst auf, dass Sie sich nicht auf Ihre Nymphensittiche setzen oder sie treten.

Aufregende erste Flugstunde

Wenn Sie das Käfigtürchen das erste Mal öffnen, werden Sie feststellen, dass lange Zeit überhaupt nichts passiert. Es kann mitunter Stunden dauern, bis sich die Vögel herauswagen und den Raum erkunden.

▸ Ist es dann soweit, werden die höchsten Punkte im Zimmer – also Vorhangstangen und Deckenlampen als beste Sitzplätze erkoren. Und schon wieder kann es eine oder mehrere Stunden dauern, bis die Nymphensittiche zu ihren gefüllten Futternäpfen in den Käfig zurückkehren.

▸ Sofern sie nur im Käfig ihr Futter vorfinden, wird das „Heimkehren“ immer recht gut funktionieren. Will aber ein Sittich, was am Anfang vorkommen kann, nicht in den Käfig zurück, darf man sich nicht zu einer wilden Fangaktion hinreißen lassen: Sie würde das Tier für längere Zeit verschrecken. Warten Sie die Dunkelheit ab. Mit einem Lederhandschuh oder einem festen Tuch können Sie den Vogel vorsichtig greifen.

Plätze in der ersten Reihe

Die frei fliegenden Vögel setzen sich zwar auf Bilderrahmen oder Schränke, eine bessere Sitzgelegenheit ist aber in jedem Fall ein Ast. Wenn im Zimmer genugend Platz ist, lässt sich ein Behälter mit darin fixierten Sitzästen aufstellen. Eine andere Möglichkeit ist, unter der Decke – am besten an zwei einander gegenüberliegenden Wänden – Äste zu montieren. Ein darunter befindliches Brettchen mit einer leicht auswechselbaren

SMART

Zur Sicherheit

- **Notieren** Sie sich die Nummer der Fußringe Ihrer Nymphensittiche.
- **Der ZZF** (Zentralverband Zoologischer Fachbetriebe, www.zzf.de) betreibt einen Suchdienst für entflogene Vögel.
- **Entfliegt** ein Sittich, kann man dort die Nummer melden. Mit etwas Glück fliegt der Vogel jemandem zu, der dies dem ZZF mitteilt und dann kann der Nymphensittich Ihnen zugeordnet werden.

Einen prima Aussichtsplatz bietet eine Sitzstange.

Papierlage verhindert, dass der Fußboden darunter mit Kot verunreinigt wird.

▸ Im Zimmer frei fliegende Nymphensittiche leben nicht ganz ungefährlich. Sie können bei ihren Touren hinter eine Schrankwand rutschen oder mit ihren Krallen am Vorhang hängenbleiben. Daher ist es sehr wichtig, die Vögel immer unter Kontrolle zu haben und beim Freiflug zu beaufsichtigen. So verlockend es auch klingt, den Sittichen während Ihrer Abwesenheit tagsüber im Wohnzimmer die „große Freiheit" zu bieten, wäre zu risikoreich.

Liebevoll umsorgt

Zimmerservice

Nymphensittiche machen ihrem Menschen die Pflege recht einfach, denn sie haben keine außergewöhnlichen Ansprüche. Trotzdem müssen bei ihrer Betreuung natürlich die grundsätzlichen Aspekte von Sauberkeit und Hygiene beachtet werden, damit die Vögel ein möglichst langes und glückliches Leben führen können.

Reinigen Sie Gitter und Einrichtungsgegenstände unter heißem Wasser und trocknen Sie alles gut ab. Scharfe Reinigungsmittel sind nicht notwendig. Eine Desinfektion ist nur auf Anraten des Tierarztes sinnvoll, z. B. bei Parasitenbefall.

Rohkost ist nicht nur gesund, sondern lädt auch zu einem „Bad" ein.

Sauber muss es sein

Auf folgende Punkte sollten Sie bei der Reinigung des Vogelheim achten:

- **Generalreinigung** Sie steht mindestens einmal in der Woche auf dem Programm. Dabei sollten Sie alle Einrichtungsgegenstände – auch wenn sie keinen sichtbaren Schmutz aufweisen – und den ganzen Käfig gründlich abwaschen.
- **Die Wassernäpfe** müssen täglich gründlich gewaschen werden, da sie recht schnell verschmutzen und sich in den Ecken häufig Schmutz anlagert. Trinkflaschen werden am besten mit einer Flaschenbürste gesäubert.
- **Die Vogelbadewanne** muss täglich gründlich gesäubert werden, damit sich keine Keime vermehren und den Vögeln schaden können.
- **Der Futternapf** muss nur gereinigt werden, wenn er durch Kot verschmutzt ist, ansonsten genügt es bei der täglichen Pflege, die leeren Samenhülsen wegzublasen. Meist braucht dann nur eine geringe Futtermenge nachgefüllt zu werden.
- **Sitzstangen** sind vor allem dann mit Kot verschmutzt, wenn sie falsch angebracht

sind. Dann müssen sie gründlich abgebürstet und gereinigt werden. Ansonsten können sich Infektionen an den Füßen der Vögel einstellen. Gefährlich ist Kot auch für die Augen, wenn die Sittiche ihre Köpfchen an der Sitzstange reiben.

- **Am Käfiggitter** haftender Kot sollte ebenfalls gleich beseitigt werden, damit sich verchromtes oder Messing-Gitter durch die chemische Einwirkung nicht verfärbt.
- **Am Boden** finden sich die Kothäufchen vorwiegend unter den Schlafplätzen. Am besten entfernen Sie diese mit einer Spachtel oder einem Teigschaber. Vogelkot darf nicht liegen bleiben, weil er rasch eintrocknet und durch die Flügelschläge verwirbelt und von Mensch und Tier eingeatmet wird. Ein- bis zweimal pro Woche sollten Sie den Sand in der Schublade tauschen.

Richtig platzierte Sitzstangen wirken vorbeugend gegen Infektionen.

SMART

Gut ausgestattet

- **Erleichtern** Sie sich die Pflege, indem Sie Wasser- und Futternäpfe oder die Trinkflasche in doppelter Ausführung parat halten. Dann müssen Sie sie nur gegen die sauberen austauschen.
- **Sitzstangen** aus Naturzweigen sollten jeden Monat mindestens einmal erneuert werden.

Raumpflege

Durch die Haltung von Nymphensittichen entsteht auch in der Wohnung Schmutz. Sie sollten täglich die Umgebung des Käfigs säubern, um den Anfall leerer Körnerhülsen und Staub im Rahmen zu halten. Beim Freiflug verlieren die Vögel Kot, vor allem unter den Lieblingsplätzen. Bald werden Sie wissen, wo diese Stellen sind und können dann Boden und Möbel durch das Unterlegen von Zeitungspapier schützen. Von Teppichen und Vorhängen können die trockenen Häufchen einfach mit dem Staubsauger entfernt werden.

Vorsorge

Machen Sie bei der Gesundheitsvorsorge Ihrer Sittiche keine Kompromisse – vom Kauf der Tiere angefangen bis ins hohe Alter. Zeigt ein Vogel Krankheitssymptome, dürfen Sie keine Zeit verlieren und sollten schnell den Tierarzt anrufen, um ihm die Symptome zu schildern.

Abwechslung im Alltag hält Ihre Nymphensittiche munter.

Schnabel und Krallen

Zu übermäßigem Wachstum des Schnabels kommt es meist, wenn dieses Werkzeug unterbeschäftigt ist. Aber auch eine individuelle Veranlagung kann gegeben sein, denn bei manchen Nymphensittichen kommt es nie zu einem solchen abnormen Wachstum, selbst wenn kaum Gelegenheit zu einer natürlichen Abnützung besteht. Wie auch immer, wir haben jedenfalls dafür zu sorgen, dass der Schnabel nicht auf einmal sein normales Aussehen verliert. Wenn der Sittich wenig Gelegenheit zum Nagen hat, also beispielsweise keine Äste oder wenigstens Holzstücke bekommt, kann der Oberschnabel zu lang werden, es können aber auch beim Unterschnabel Deformationen auftreten. Notwendige Korrekturen sollten Sie unbedingt dem Tierarzt überlassen.

▸ **Krallen** Einfacher ist das Kürzen der Krallen. Eine kleine scharfe Zange eignet sich dafür gut. Sie sollten es sich vorher einmal vom Tierarzt zeigen lassen. Da Nymphensittiche kräftig beißen können, schützt man seine Hände auf jeden Fall mit einem Lederhandschuh. Es sei darauf hingewiesen, einen Vogel bei solchen Behandlungen nicht auf den Rücken zu legen, sondern ihn in der Hand zu halten.

Außenparasiten

Werden Käfig, Voliere und Nistkasten nicht sorgfältig sauber gehalten, stellen sich Parasiten ein und können dann für die Vögel zu einer großen Qual werden. Die Vögel kratzen sich dann ständig und sind unruhig.

▸ **Rote Vogelmilbe** Die Milben sind winzig, der Körperdurchmesser der voll gesogenen Tiere liegt unter 0,5 mm. An ihren beliebten Aufenthaltsorten – Ritzen und Spalten – sind sie meist in großer Zahl versammelt. Bedecken Sie im Zweifelsfall den Käfig nachts mit einem hellen Tuch, an der Unterseite der Falten sammeln sich die Milben. Sie kommen nachts aus ihren Verstecken und quälen dann die schlafenden Vögel, aber auch die Jungtiere im Nistkasten.

Fitte Sittiche sind neugierig und immer zu einem Streich aufgelegt.

Durch gründliche Reinigung von Käfig, Einrichtung und Umgebung, und nötigenfalls mit Hilfe eines chemischen Bekämpfungsmittels vom Tierarzt wird man meist schnell die Plagegeister los.

▸ **Federlinge** Diese länglichen, hellgrauen und etwa einen Millimeter langen Parasiten treten meist bei Schnabeldeformationen auf. Auch bei Federlingen greift man auf ein Mittel des Tierarztes zurück.

▸ **Räudemilben** Sie verursachen besonders in den Schnabelwinkeln und an den Lidrändern hellgraue Wucherungen und übermäßiges Schnabelwachstum. Frühzeitige Behandlung führt rasch zum Erfolg. Im Anfangsstadium genügt es, alle zwei Tage mit einem feinen Pinsel etwas Paraffinöl auf die befallenen Stellen aufzutragen. Hilft dies nicht, müssen Sie sich bald an den Tierarzt wenden.

SMART

Alles im Blick

- **Beobachten** Sie Ihre Vögel täglich, um Krankheiten früh zu erkennen.
- **Krankheitsanzeichen** sind gekrümmte Körperhaltung, Durchfall, Aufplustern, langes Sitzen auf dem Boden, schwere Atmung, häufig halb oder ganz geschlossene Augen, ein gebogener Schwanz oder hängende Flügel.
- **Das Verhalten** ist auch ein wichtiges Indiz, z. B. wenn ein Vogel sich absondert, nicht mehr an den Unternehmungen der Vögel teilnimmt oder er gejagt wird.

Mögliche Krankheiten

Wenn ein Nymphensittich auf einmal geringen Appetit zeigt, matt und schläfrig mit gesträubten Federn herumsitzt oder der Kot weich und von veränderter Farbe ist, sollte der betroffene Vogel möglichst schnell zum Tierarzt gebracht werden.

Ständiges Sträuben ist ein ernsthaftes Krankheitsanzeichen.

Erkältung

Anzeichen sind Niesen, Sekretausfluss aus den Nasenlöchern, manchmal auch eine Entzündung der Augen. Am ehesten können verwöhnte Zimmervögel daran erkranken, aber auch kaltes Trinkwasser, Zugluft und plötzliches Absinken der Temperatur können Erkältungen verursachen.

- **Zusätzliche Wärmezufuhr,** z. B. durch eine Infrarotlampe, führt meist zum Erfolg.

Verdauungsstörung

Futter von schlechter Qualität kann eine Darmentzündung hervorrufen. Aber auch Sittiche, die bei Ihren Mahlzeiten mitnaschen dürfen, können leicht daran erkranken. Meist sitzt der kranke Vogel auf dem Boden herum. Vom Durchfall ist die Kloakengegend mit weichem Kot verklebt. Reinigen Sie den Vogel, stark verschmutzte Federchen schneidet man am besten ab. Auch hier ist eine Wärmelampe meist sehr hilfreich. Kamillentee kann unterstützend wirken.

Papageienkrankheit

Bei hartnäckigem Durchfall, Atembeschwerden, Ausfluss aus den Nasenlöchern und eitriger Bindehautentzündung kann es sich um Psittakose handeln. Gewissheit bringt dann nur eine Kotuntersuchung. Bei engem Kontakt mit einem derart erkrankten Vogel besteht die Gefahr der Übertragung auf den Menschen. Die Krankheit ist meldepflichtig.

Verletzungen

Unsere Sittiche sind hart im Nehmen, sodass selbst böse aussehende Wunden bei Versorgung mit einem blutstillenden Präparat und einem antibiotischen Wundpuder erstaunlich rasch heilen. Selbst Operationen werden gut überstanden. Liegt eine große Wunde vor, ist es zu einem Flügel- oder Beinbruch, einer Verrenkung oder Verbrennung gekommen, muss der Vogel zum Tierarzt gebracht werden.

Fußringe müssen vom Tierarzt rasch entfernt werden, wenn sie eingewachsen sind.

Kropfentzündung

Sie entsteht meist durch Infektionen, vor allem durch unsaubere Wassergefäße. Der Vogel würgt und erbricht, das Kopfgefieder ist verklebt. Der Sittich muss möglichst rasch zum Tierarzt gebracht werden.

Tumoren

Sie treten am häufigsten als gutartige Fettgewebsknoten auf, können aber auch bösartig sein. Häufig bringt eine Operation Heilung, die unter einer Inhalationsnarkose durchgeführt werden sollte. Achten Sie bei Ihren Vögeln zur Früherkennung auf Umfangsvermehrungen.

SMART

Federrupfer

- **Ursache** für diese Verhaltensstörung ist meist die Einzelhaltung eines Nymphensittichs.
- **Widmen** Sie dem Vogel dann Aufmerksamkeit und versuchen Sie, ihn zu beschäftigen und vom Rupfen abzulenken.
- **Auf jeden Fall** sollten Sie ihm einen Artgenossen zugesellen und sich Hilfe vom Fachmann bei der Vergesellschaftung holen.
- **Lassen Sie** den Vogel auch vom Tierarzt untersuchen, um organische Ursachen sicher auszuschließen.

Was Sie tun können

Mit „Hausmitteln“ können Sie bei einem kranken Vogel die Zeit überbrücken, bis der Tierarzt erreichbar ist.

Erste Hilfe für Vögel

Nach Absprache mit dem Tierarzt können diese Mittel auch den Heilungsverlauf einiger Krankheiten recht positiv beeinflussen.

▸ **Wärmebehandlung** bietet sich z. B. bei Atemwegs- und Durchfallerkrankungen an. Eine Rotlichtlampe oder zumindest eine Schreibtischlampe, die den Sitzplatz des Vogels auf 30 bis 33 °C erwärmt, führt zum Erfolg. Die Rückseite des Bereichs sollte mit einem Tuch abgedeckt sein, damit die Wärme sich besser hält. Bestrahlen Sie aber nur einen Teil des Käfigs, damit der Vogel bei Bedarf der Hitze ausweichen kann. Bei Krämpfen oder Gehirnerschütterungen nach Unfällen darf keine Wärmebehandlung erfolgen, weil dadurch Durchblutung und Blutdruck erhöht werden, was den Zustand des Vogels gefährlich verschlimmert.

▸ **Kamillendampf** kann ebenfalls bei einer Atemwegserkrankung helfen. Decken Sie dazu den Käfig mit einem Tuch ab und lassen Sie nur die Vorderseite frei. Vor den Käfig stellen sie ein- bis zweimal täglich eine Schale mit Kamillenblütenaufguss und fächern den Dampf in Richtung Käfig.

▸ **Füttern** müssen Sie Ihren Vogel, wenn er nichts frisst, sonst wird er zu schwach. Am besten geht das mit Babybrei und einer Spritze (ohne Nadel). Geben Sie ihm drei- bis viermal täglich den Inhalt einer 1-ml-Spritze ein. Auf diese Weise können Sie ihm auch notwendige Medikamente verabreichen.

▸ **Blutungen** z. B. nach einem Unfall, müssen Sie sofort stillen. Mit dem Finger oder blutstillender Watte aus der Apotheke müssen Sie dazu Druck ausüben. Es kann einige Minuten dauern, bis es aufhört zu bluten.

▸ **Holzkohle** kann bei Durchfällen und anderen Verdauungsstörungen helfen.

Der Tierarztbesuch

Wird der Vogel im Käfig transportiert, sollte dieser nicht gereinigt und mit einem Tuch abgedeckt werden. Vermeiden Sie Zugluft, Nässe und Kälte.

Alle Informationen rund um den Nymphensittich können für den Tierarzt wichtig sein wie das Alter, seit wann Sie den Vogel haben und ob Sie andere Vögel besitzen und diese auch krank sind, Haltungsbedingungen, usw.

Legenot

Das Weibchen sitzt mit den Anzeichen einer schweren Erkrankung am Boden und ist nicht in der Lage, ein Ei loszuwerden. Die Ursache können ein Mangel an Vitaminen und Mineralstoffen, zu niedrige Umgebungstemperatur bei Außenhaltung oder auch organischer Art sein. Nimmt man die Henne

„Diebische Elstern" müssen Sie beim Freiflug beaufsichtigen, damit sie sich nicht den Magen durch ungeeignete Nahrung verderben.

in die Hand (nicht auf den Rücken drehen!), ist das Ei leicht zu fühlen. Ein Tropfen angewärmtes Paraffinöl kann als Gleitmittel mit einer Pipette in die Kloake eingeführt werden. Hilft dies nicht: ganz schnell zum Tierarzt!

SMART

Erste Adresse

- **Nicht jeder** Tierarzt ist auf die Behandlung von Vögeln spezialisiert.
- **Machen Sie sich schlau** und suchen Sie frühzeitig einen Tierarzt in Ihrer Nähe, der sich mit den gefiederten Freunden besonders gut auskennt.
- **Die Mitglieder** eines Vogelzuchtvereins können Ihnen bestimmt die Adresse eines auf Vögel spezialisierten Tierarztes nennen.
- **Halten Sie** seine Telefonnummer immer parat.

Mauserprobleme

Der regelmäßige Wechsel des Gefieders ist für jeden Vogel grundsätzlich wichtig, ganz gleich, ob es sich um die erste Mauser im Alter von drei bis vier Monaten handelt oder um die alljährlich nach der Brutzeit stattfindende Vollmauser der erwachsenen Tiere. Da der Nymphensittich während der gesamten Dauer der Mauser nie seine Flugfähigkeit einbüßen darf, werden Flügel- und Schwanzfedern nicht auf einmal gewechselt. Auch beim Kleingefieder ist dies der Fall, damit der Wärmehaushalt des Körpers nicht gestört wird. Die Frage, was man gegen die Mauser tun könnte, ist bei diesem ganz normalen Vorgang also völlig unbegründet. Man kann nur für einen guten Mauserverlauf sorgen, indem man die Tiere gerade zu dieser Zeit besonders gut mit Vitaminen und Mineralstoffen versorgt.

Nachwuchs

Bevor Ihre Nymphensittiche Junge aufziehen dürfen, müssen Sie eine Zuchtgenehmigung von dem zuständigen Veterinär- oder Ordnungsamt erhalten.

Zuchttiere

Auch wenn Nymphensittiche schon mit neun Monaten fortpflanzungsfähig sind, sollte man kein zu junges Pärchen zusammensetzen, ein Zuchtversuch mit Tieren dieses Alters schlägt meistens fehl. Also heißt es noch etwas zuwarten bis sie etwa ein Jahr alt sind. Nun sind sie auch völlig ausgefärbt und man kann bei den wildfarbenen Sittichen leicht die Geschlechter unterscheiden (Seite 14). Es ist nicht schwer, Nymphensittiche zu vermehren. Eher kann es schon ein Problem sein, eine Zucht zu verhindern. Es gibt Nymphensittiche, die in Ermangelung eines Nistkastens in einer halboffenen Schublade oder sogar auf dem Käfigboden gebrütet haben. Das ist kein Problem, wenn sich zwei kerngesunde und kräftige Tiere gefunden haben, die gut betreut werden und sich dank ausreichendem Bewegungsraum regelmäßig so richtig ausfliegen können.

Unter Verliebten gehört das Austauschen von Zärtlichkeiten auch bei Nymphensittichen zum guten Ton und stärkt die Bindung.

Gelegekontrolle

Hat das Weibchen Ihres Sittichpärchens Eier gelegt, obwohl Sie keine Zuchtabsichten haben oder legen ein oder zwei Weibchen bei gleichgeschlechtlicher Haltung ständig Eier, sollten Sie den Tieren diese nicht einfach wegnehmen. Die Intervalle, in denen sie neue Eier nachlegen, werden immer kürzer, was die Tiere sehr schwächt. Warten Sie bei unbefruchteten Eiern, bis das Gelege aufgegeben wird. Wollen Sie Nachwuchs verhindern, können Sie die Eier mit einer Nadel anpieken oder gegen Kunststoffattrappen austauschen.

Der Nistkasten

Nymphensittiche sind Höhlenbrüter, wobei sie aber keine besonderen Ansprüche an Lage und Form der Höhle stellen. Ein ausgemorschter waagrechter Ast wird ebenso gerne angenommen wie eine senkrechte Höhle in einem Baumstamm. Ich sah in Australien Nymphensittiche auch in einer nach oben teilweise offenen Mulde eines abgebrochenen Baumstammes brüten. Sie sind also in Hinsicht auf die Wahl des Nistplatzes keineswegs sehr wählerische Gesellen.

SMART

Sittichkinder

- **Mit einem Eizahn** picken die Nymphensittichkindern von innen die Eierschale auf
- **Gelbe Flaumfedern,** die so genannten Erstlingsdunen, sind das erste, allerdings noch recht schüttere Federkleid.
- **Die Augen** sind natürlich noch geschlossen.
- **Die Kleinen** trachten nach Körperkontakt zu den Geschwistern. Meist legt dann jedes seinen Kopf über den Nacken eines der Geschwister.

***Nymphensittichpaare** teilen sich das Brutgeschäft – wie die Kakadus.*

Wie wir gesehen haben, versuchen Nymphensittiche mitunter an ungewöhnlichen Stellen zu brüten, bevorzugen bei Vorhandensein aber stets Höhlen. Daher sollten sie am besten einen höhlenartigen Nistkasten aus Holz geboten bekommen. Mit etwas Geschick kann man Stämme aushöhlen oder einen gezimmerten Nistkasten selbst bauen, im Zoofachhandel gibt es sie aber auch schon fertig zu kaufen. Hängen Sie die Nistkästen möglichst hoch in der Voliere auf und bieten Sie jedem Paar eine eigene Nistgelegenheit an.

Muntere Kinderstube

Die meisten Nymphensittiche sind liebevolle Eltern, die sich rührend um ihren Nachwuchs kümmern. Natürlich ist das eine anstrengende Zeit für die Vogeleltern und deswegen müssen Sie die besten Rahmenbedingungen schaffen.

Schon zu Brutbeginn soll man zusätzlich zum normalen Futter auch so genanntes Aufzuchtfutter vorsetzen. Die Sittiche gewöhnen sich daran und versorgen damit gleich vom ersten Tag an ihre Jungen. Das im Zoofachhandel erhältliche Aufzuchtfutter können Sie noch mit fein geriebenen Karotten verbessern. Das beste Aufzuchtfutter, das auch von den frei lebenden Nymphensittichen an ihre Kinder verfüttert wird, sind halbreife Sämereien (Seite 39), gut geeignet sind Hirse, Kolbenhirse und Spitzsamen. Grünfutter, ganz besonders Vogelmiere, sollte ebenfalls zur Aufzucht zur Verfügung stehen. Auch halbreife Wildsämereien kann man sammeln und den Tieren geben. Als ein besonders empfehlenswertes Aufzuchtfutter gelten frische, hart gekochte Hühnereier, die im Verhältnis 1:3 mit Zwiebackmehl und geriebenen Karotten vermischt werden sowie zusätzlich Keimfutter.

1 ◂ **Sittichhochzeit** Finden zwei Nymphensittiche aneinander Gefallen, sitzen sie immer öfter beieinander. Dann kommt es als besondere Geste der Zärtlichkeit zu gegenseitigem Gefiederkraulen, die Vögel unternehmen alles zusammen und das Männchen zelebriert sein aufwändiges Werbungsritual, pfeift dabei seine Lieder und präsentiert die prächtigen Schwingen. Schließlich kommt es zur Paarung und die beiden Sittiche halten sich nun immer häufiger im Nistkasten auf.

2

▸ Eiablage Schon bald liegt das erste Ei im Nistkasten und alle zwei Tage folgt ein weiteres, meist sind es insgesamt vier bis fünf. Nicht gleich von Anfang an, sondern erst ab dem zweiten oder dritten Ei wird gebrütet, bei Tag das Männchen und nachts das Weibchen. Keiner kommt auf die Idee, die Arbeit des Partners mit zu übernehmen! Nach rund 21 Tagen Brutdauer schlüpfen die Jungen. Die brütenden Vögel sollten wir in Ruhe lassen. Manche nehmen Kontrolle übel, fauchen und können die Eier dabei zerbrechen. Reinigen Sie den Nistkasten nach zehn Tagen, wenn die Eltern nicht im Nest sind.

3

◂ Vogelkinder Anfangs haben sie nur Daunen, nach etwa zehn Tagen beginnt das bleibende Gefieder zu sprießen. Vorerst sieht man nur die Kiele – die Kleinen sehen aus wie Igel – und die Schwingen. Nach weiteren acht Tagen wird die Federhaube bei Störungen empört gesträubt und die roten Wangenflecken sind zu erkennen. Im Alter von fünf Wochen sind die Jungen „fertig", verlassen den Nistkasten und können schon fliegen. Sie sind fast so groß wie erwachsene Vögel, die Gefiederfärbung ist jedoch noch matter als beim Alterskleid.

Infoecke

Literatur

- **Aeckerlein, W., Steinmetz, D.: Vögel richtig füttern.** Verlag Eugen Ulmer, Stuttgart 2003.
- **Quinten, D.: Ziervogelkrankheiten.** Eugen Ulmer Verlag, Stuttgart 1999.
- **Radtke, G.: Nymphensittiche.** Verlag Eugen Ulmer, Stuttgart 1998.
- **Sonnenschmitz, R., Wagner, M: Vögel – Akupunktur, Homöopathie, Bachblütentherapie, Kinesiologie.** Verlag Eugen Ulmer, Stuttgart 1996.

Zeitschriften

- **Gefiederte Welt.** Fachzeitschrift für Vogelliebhaber und Vogelzüchter. Verlag Eugen Ulmer, Stuttgart.
- **Aktuelles aus der Vogelwelt.** Verlag Wilhelm Geistlinger, Adnet, Österreich.
- **AZ-Nachrichten.** Organ der AZ, Backnang.
- **Die Voliere.** Verlag M. & H. Schaper, Alfeld.

Making Of

- **Der Autor** Prof. Dr. Kurt Kolar, Zoologe und Verhaltensforscher, hat sich über dreißig Jahre lang mit der Haltung und Zucht verschiedener Papageienarten beschäftigt, war Vizedirektor des Tiergartens Schönbrunn in Wien und Vorsitzender einer österreichischen Tier- und Naturschutzorganisation.
- **Die Fotografin** Regina Kuhn ist freischaffende Fotodesignerin und Autorin mit jahrelanger Erfahrung in der Tierfotografie.
- **Die Fotografin und der Verlag danken** Waltraud Kuhn mit 'Emil', Schorndorf, Peter Strecker mit 'Cocco', Scharenstetten, Patricia Schmidt mit 'Sissi', Sandra Meixner, Esslingen.

Bildquellen

- **Regina Kuhn** Umschlagfotos und alle Fotos im Innenteil.

Herstellernachweis

- **Trixie Heimbedarf,** Tarp

Adressen

- **AZ,** Vereinigung für Artenschutz, Vogelhaltung und Vogelzucht e.V., Postfach 11 68, 71501 Backnang, **www.azvogelzucht.de**
- **SNV,** Standard-Nymphensittich-Vereinigung Deutschland e.V., Hofschwärz 7, 97228 Rottendorf, **www.snv-germany.de**
- **TVT,** Tierärztliche Vereinigung für Tierschutz e.V., Geschäftsstelle: Bramscher Allee 5, 49565 Bramsche, **www.tierschutz-tvt.de**

Impressum

Bibliografische Information der Deutschen Bibliothek
Die Deutsche Bibliothek verzeichnet diese Publikation in der Deutschen Nationalbibliografie; detaillierte bibliografische Daten sind im Internet über http://dnb.ddb.de abrufbar.

Wollgrasweg 41,
70599 Stuttgart
Internet: www.ulmer.de

Lektorat: Dr. E.-M. Götz
Redaktionelle Bearbeitung: textory mediaService
Umschlag- und Innengestaltung: X-Design, München
DTP: juhu media, Susanne Dölz, Bad Vilbel
Druck und Bindung: Litotipografia-editrice Alcione, Trento
Printed in Italy
ISBN 3-8001-4485-9

Internet

- **www.sittiche.de**
- **www.birds-online.de**
- **www.tierschutz-vereine.de**
- **www.med.uni-bonn.de/giftzentrale/pflanidx.html** (Liste giftiger Pflanzen)

(Hinweis: Der Eugen Ulmer Verlag ist nicht für den Inhalt von Links verantwortlich)

Haftung

Für Ihr Heimtier tragen Sie selbst die Verantwortung. Die in diesem Buch enthaltenen Empfehlungen und Angaben sind vom Autor mit großer Sorgfalt zusammengestellt und geprüft worden. Eine Garantie für die Richtigkeit der Angaben kann aber nicht gegeben werden. Der Autor und der Verlag übernehmen keinerlei Haftung für Schäden und Unfälle.

Register

SPEZIAL

Kluge Tipps für SMART-KIDS

Extra-Nymphi

Nymphensittiche sind wirklich sehr lustige Kerlchen. Mit ihnen zusammen wird dir bestimmt nie langweilig und du kannst dir selbst Spiele ausdenken.

Bastle deinen fliegenden Freunden schöne Spielsachen. So kannst du einige bunte Perlen an einer Schnur aufziehen und in den Käfig oder an den Kletterbaum hängen. Die Vögel werden die Kugeln dann hin und her schieben. Oder du sammelst einige dünne Zweige und umwickelst sie mit Bast. Die Vögel werden dein Kunstwerk mit viel Eifer zerrupfen. Auch an farbigen Papierknäueln haben die Sittiche ihre Freude und werden sie mit der Zunge untersuchen und zerpflücken.